U0299534

Bake!

我的时尚烘焙

[澳]加布里埃拉·斯科利克 著　吕文静 译

Bake! The
QUICK-LOOK
COOKBOOK

中信出版集团·CHINACITICPRESS·北京

欢迎打开《我的时尚烘焙》！

058 制作柠檬乳清奶酪蛋糕

你想烘焙出美味可口的曲奇吗？想让朋友们捧着你自制的奶酪蛋糕大呼过瘾（058），用三层的黑森林蛋糕（065）打动家人的心，或是用装满了苹果面酥能量棒（234）的便当盒让孩子们惊喜不已吗？

065 制作黑森林蛋糕

别再犹豫了！在《我的时尚烘焙》中，烘焙专家和手绘师们协力绘制了数百道甜品食谱，你将一步步学会各种入门操作，还有大量配方可以制作满足各类口味和场合需求的甜品及咸味点心。

无论你是职业甜品师，还是烘焙新手，这本书都能满足你的需求！系上围裙，揉个面团，制作你的私家爱心烘焙吧！

在本书中，除了数百道经典而有创意的甜品配方，还有各种装饰技巧，糖衣花瓣（026）或是巧克力蕾丝（033）将会让你的作品看起来宛如大师之作。简单的操作步骤指导，清晰的图示，会帮助你完成每一道菜品，成功率100%！而小窍门则会让你的烘焙作品更加美丽诱人！

现在就开始搅拌吧，揉面吧！美味的蛋糕、派、杯子蛋糕、曲奇……都将在你手中诞生！享受美味吧！

234 制作苹果面酥能量棒

026 制作糖衣花瓣

033 制作巧克力蕾丝

《我的时尚烘焙》这本书根据甜品的类型分为9个章节。你可以根据需要在每章中寻找配方，也可以从头翻到尾寻找烘焙灵感！

工具、窍门和技巧
P013

在这一章中罗列了你所需要的所有设备，并且注明了它们的功能。除此之外，还有基础操作技巧的详解以及各种保证烘焙成功的小窍门。

基本款面糊和面团
P037

制作基本款面糊和面团是你在各种配方中会经常用到的操作步骤。

蛋糕和快手面包
P051

从奥地利沙加蛋糕到胡萝卜蛋糕，再到重磅蛋糕，这里有各式经典而有创意的蛋糕以及快手面包。

派和挞
P097

在这一章中，你将学会制作各种简单美味的应季派、挞、迷你挞、脆皮点心和水果馅饼！

麦芬和杯子蛋糕
P129

用柔软的麦芬来给自己和心爱的人做一份暖心早餐，或者用杯子蛋糕来装点聚会吧！

曲奇和能量棒
P149

无论是圣诞节派对，还是下午茶会，这本食谱里的曲奇和布朗尼配方都能满足你任何场合的需要。天马行空的装裱手法及经典马卡龙，都会让你大放异彩。

特殊甜点
P191

这一章中介绍了各种精美的水果馅饼和国际美食，甚至还有专为小朋友生日聚会准备的多彩蛋糕棒！

舒芙蕾和奶冻
P211

舒芙蕾并不一定那么复杂，稍加练习你就能成为个中高手！在这一章中你会深受其益，同时学会制作很多精美的布丁和奶冻。

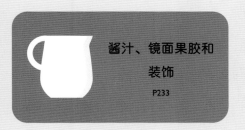

酱汁、镜面果胶和装饰
P233

酱汁、镜面果胶和装饰能够将你的蛋糕、马卡龙及其他甜品点缀得美轮美奂！

目录

工具、窍门和技巧 tools, tips, and techniques

基本款面糊和面团 basic batters and doughs

蛋糕和快手面包 cakes and quick breads

派和挞 pies and tarts

麦芬和杯子蛋糕 muffins and cupcakes

曲奇和能量棒 cookies and bars

特殊甜点 specialty desserts

舒芙蕾和奶冻 soufflés and custards

酱汁、镜面果胶和装饰 sauces, glazes, and toppings

《我的时尚烘焙》中所有的配方都是以图形的样式呈现的。每一个配方都有一个编号，便于轻松查找。如果你需要查找某一特定配方或原料，可以在本书最后的索引中按字母顺序查找。

小贴士
你能在标注了"＊"的地方找到小贴士、小窍门，或是一些额外信息。

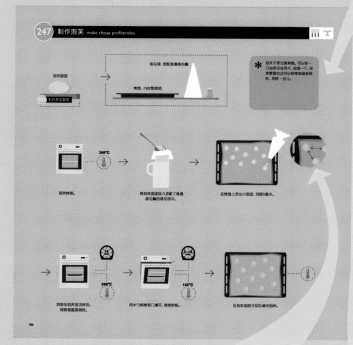

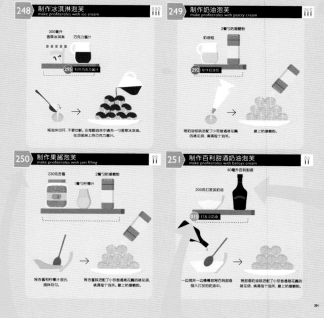

放大镜
为我们近距离展示那些关键细节。

变种配方
250
一些配方可以进行调整和修改——这种配方都有带数字的前头标示。

交叉参考
有时候一个配方会指向另一个配方。根据交叉参考可以获取一些技巧或是其他有用的配方及信息。圆圈中是你可以参考的配方编号。

015 打发淡奶油

图标

木勺的数量表示操作的难度级别：

 简单

 普通

 略难

 密封保存

 尽快食用，3天内吃光

 30分钟内（包含烘焙时间）可以完成的快手甜品

原料清单

这里标示了这个配方需要的原料清单、所需分量，以及预处理的方法（比如：1个苹果，去皮，去核，切片）。原料清单同时也是你的采购清单。虚线标明了操作步骤，箭头则标识了这个配方中所需要用到的工具。

图标

很多图标都点明了配方的重要信息，包括烹饪时间、火力和温度。下面这些图标贯穿了整本书。

 ----- 时钟表示烹饪、冷却或搁置时间。

----- 小火
----- 中火
----- 高火
需要多烫？看图标就知道了。适用于电炉、煤气炉或者电磁炉。

 ----- 温度计表示烤箱或煎炸油的温度。如果你使用对流加温烤箱，请从标注温度中再减去20℃。

 ----- 在冰箱或冷藏室中降温。

小贴士

- 每次动手操作之前都认真阅读配方。

- 开始动手操作之前把所需的厨房设备都准备好（包括烤箱手套和擦碗布）。

- 将配方中显示的原材料都准备好。准备工作越细致，烘焙过程就越顺利！

- 仔细称量所有原料——烘焙需要十分精准！

- 不要着急，慢慢来。

- 如果需要的话，可以在烤盘纸上画出操作模块。烘焙的时候把纸翻过来就好啦。

- 制作曲奇、司康、饼干等食物时，记得务必把面团分成均匀的小块儿，这样烘焙所需的时间才一样。大小不同的话，所需的烤制时间也会不同。

- 一些食物在烤制过程中会膨胀变大，所以在烤盘中放置面团时需要留出充足的间距。

- 从冰箱里拿出来的材料除非有特别说明，都需要放置到室温后再使用，特别是黄油和鸡蛋。

- 分蛋液的时候要准备3个碗：一个用来盛放蛋白，一个用来盛放蛋黄，将蛋白中的蛋壳和残余蛋黄剔除后，再将所有的蛋白一并收集到第三个碗中。

- 一定要将蛋白盛放在无油的容器中打发，否则无法打发至干性发泡。

- 将打发的蛋白加入面糊中时一定要分次操作，不要一次性倒入。缓慢地倒入三分之一，一边倒入一边搅拌，然后再加入剩余的部分。

- 依照个人口味调整糖的用量。

- 除了手持搅拌器，你也可以使用电动坐式搅拌器进行操作。

- 如果原料需要长时间打发，你完全可以用手持电动搅拌器或坐式搅拌器代替手动打蛋器。

- 需要用到柑橘类果皮的时候，请购买有机产品，并在使用前仔细清洗干净。

- 一些混合物（比如奶黄冻）在加热过程或过快时会结块，制作过程中需要注意温度，或是隔水加热。

- 将酱汁、奶黄冻、啫喱、溶解的吉利丁混合液、水果泥等材料在细筛上过滤一遍能够去除结块和细小的籽。

- 在将面团和面糊放进冰箱之前要封好，否则会很容易沾上异味。

- 一些烘焙食物适合保存，甚至在食用前放置一段时间会更好。请在密封的容器中进行保存。

工具、窍门
和技巧

tools, tips,
and techniques

直径20/24/26厘米
(8/9/10英寸)

边长20/24厘米（8/9英寸）

长28~35厘米（11~14英寸）

宽25~28厘米
(10~11英寸)

高5~6厘米
(2~2½英寸)

烤盘
baking sheet

圆形烤盘
round cake pans

方形烤盘
square cake pans

长方形烤盘
rectangular cake pans

直径24/26厘米（9/10英寸）

直径10厘米
(4½英寸)

直径24厘米
(9½英寸)

直径23/25厘米
(9/10英寸)

迷你莎瓦林烤模
mini savarin molds

长20~30厘米（8~12英寸）

宽10~13厘米
(4~5英寸)

高6~10厘米
(2½~4英寸)

弹簧扣脱底模
springform pans

吐司盒
loaf pans

莎瓦林模子
savarin mold

派盘
pie pans

直径24厘米
(9½英寸)

直径24/28厘米
(9½/11英寸)

直径24/28厘米
(9½/11英寸)

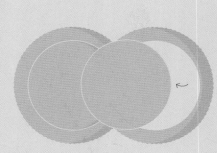

直径5/10 厘米
(2/4英寸)

环形蛋糕模
bundt pan

挞盘（陶瓷）
tart pan (ceramic)

脱底挞盘（不锈钢）
tart pan with removable bottom (stainless-steel)

脱底小挞盘
tartlet pans with removable bottom

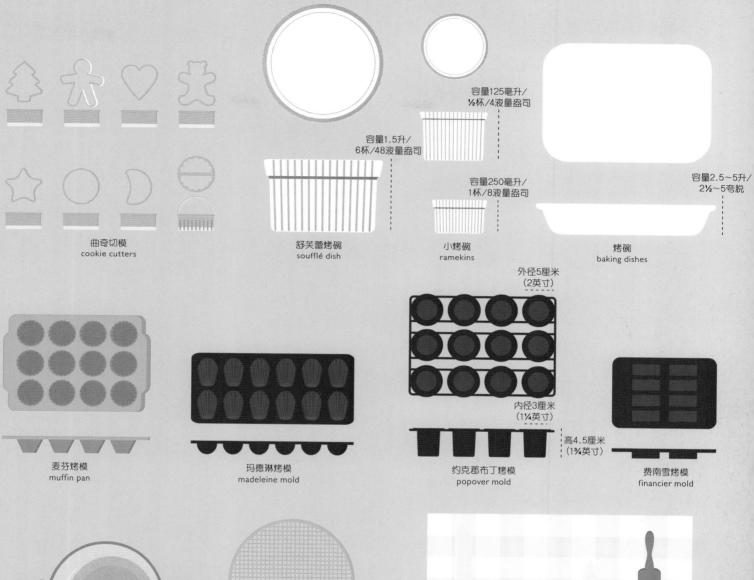

曲奇切模
cookie cutters

容量1.5升/
6杯/48液量盎司

舒芙蕾烤碗
soufflé dish

容量125毫升/
½杯/4液量盎司

容量250毫升/
1杯/8液量盎司

小烤碗
ramekins

容量2.5~5升/
2½~5夸脱

烤碗
baking dishes

麦芬烤模
muffin pan

玛德琳烤模
madeleine mold

外径5厘米
(2英寸)

内径3厘米
(1¼英寸)

高4.5厘米
(1¾英寸)

约克郡布丁烤模
popover mold

费南雪烤模
financier mold

隔水炖锅
double boiler

冷却用烤架
cooling racks

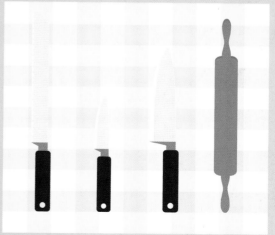

面包刀
bread knife

削皮刀
paring knife

厨师刀
chef's knife

擀面棍
rolling pin

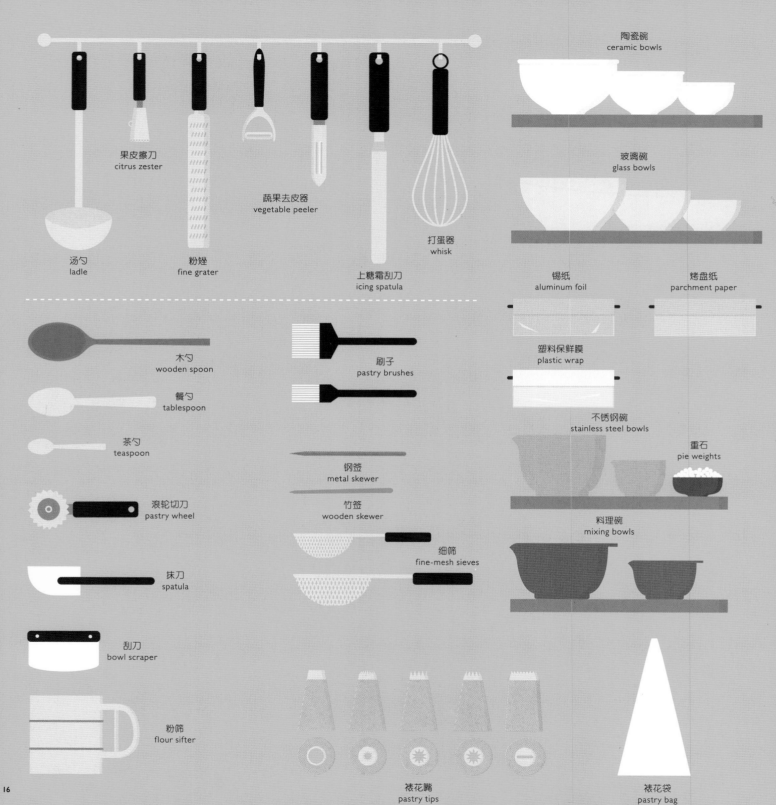

陶瓷碗
ceramic bowls

果皮擦刀
citrus zester

蔬果去皮器
vegetable peeler

玻璃碗
glass bowls

汤勺
ladle

粉锉
fine grater

打蛋器
whisk

上糖霜刮刀
icing spatula

锡纸
aluminum foil

烤盘纸
parchment paper

木勺
wooden spoon

刷子
pastry brushes

塑料保鲜膜
plastic wrap

餐勺
tablespoon

茶勺
teaspoon

钢签
metal skewer

不锈钢碗
stainless steel bowls

重石
pie weights

滚轮切刀
pastry wheel

竹签
wooden skewer

抹刀
spatula

细筛
fine-mesh sieves

料理碗
mixing bowls

刮刀
bowl scraper

粉筛
flour sifter

裱花嘴
pastry tips

裱花袋
pastry bag

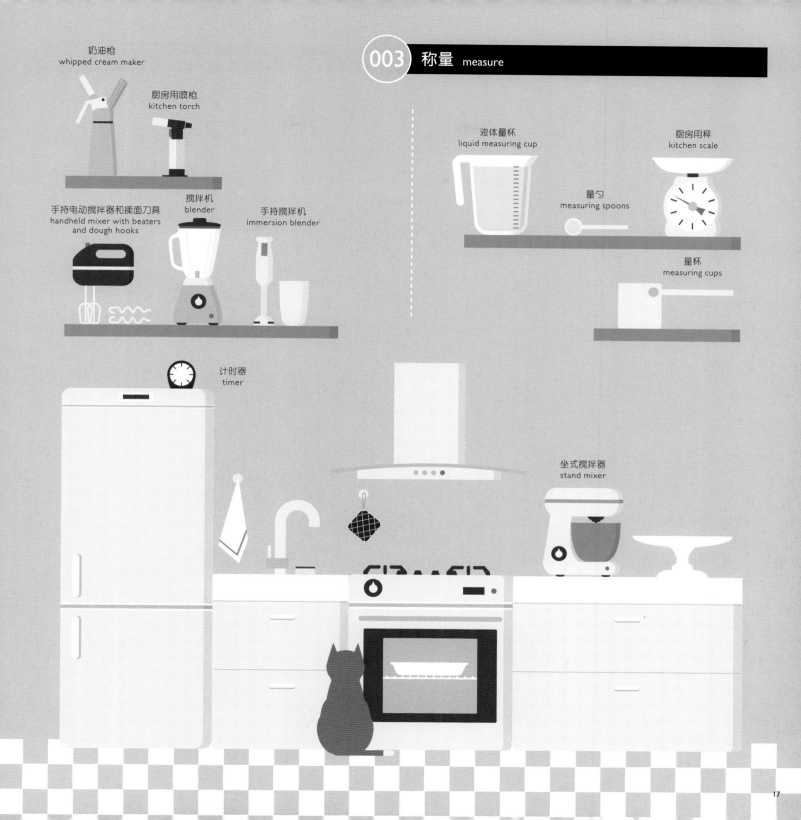

奶油枪
whipped cream maker

厨房用喷枪
kitchen torch

手持电动搅拌器和揉面刀具
handheld mixer with beaters
and dough hooks

搅拌机
blender

手持搅拌机
immersion blender

液体量杯
liquid measuring cup

量勺
measuring spoons

厨房用秤
kitchen scale

量杯
measuring cups

计时器
timer

坐式搅拌器
stand mixer

精致糕点
FINE PASTRIES

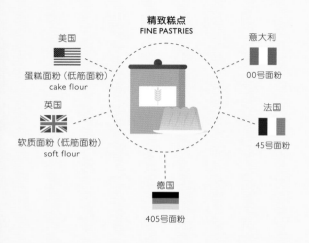

美国
蛋糕面粉（低筋面粉）
cake flour

英国
软质面粉（低筋面粉）
soft flour

意大利
00号面粉

法国
45号面粉

德国
405号面粉

曲奇和速发面包
COOKIES AND QUICK BREADS

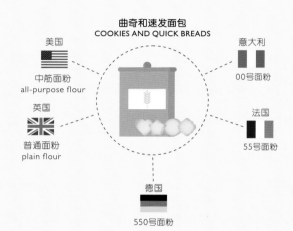

美国
中筋面粉
all-purpose flour

英国
普通面粉
plain flour

意大利
00号面粉

法国
55号面粉

德国
550号面粉

白面包
LIGHT BREADS

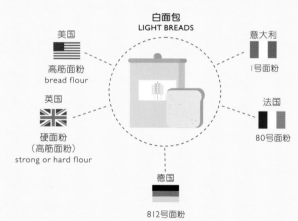

美国
高筋面粉
bread flour

英国
硬面粉
（高筋面粉）
strong or hard flour

意大利
1号面粉

法国
80号面粉

德国
812号面粉

黑面包
BROWN BREADS

美国
全麦白面粉
white whole wheat flour

英国
强力面粉
very strong or hard flour

意大利
2号面粉

法国
120号面粉

德国
1050号面粉

全麦面包
DARK BREADS

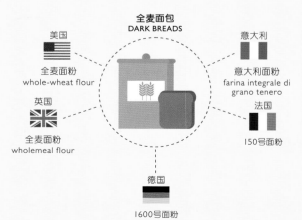

美国
全麦面粉
whole-wheat flour

英国
全麦面粉
wholemeal flour

意大利
意大利面粉
farina integrale di grano tenero

法国
150号面粉

德国
1600号面粉

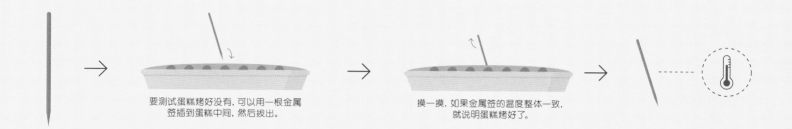

要测试蛋糕烤好没有,可以用一根金属
签插到蛋糕中间,然后拔出。

摸一摸,如果金属签的温度整体一致,
就说明蛋糕烤好了。

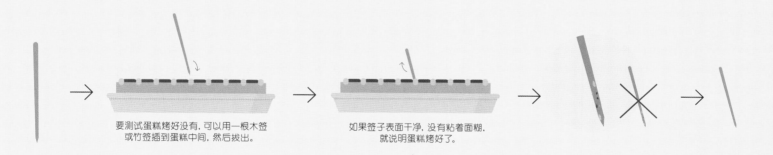

要测试蛋糕烤好没有,可以用一根木签
或竹签插到蛋糕中间,然后拔出。

如果签子表面干净,没有粘着面糊,
就说明蛋糕烤好了。

用指尖轻轻地按压蛋糕表面。

如果蛋糕的表面不够紧实,那还需要再烤几分钟。

餐勺和杯 Tablespoons & Cups	液量盎司 Fluid Ounces	毫升 Milliliters
1餐勺	½液量盎司	15毫升
2餐勺	1液量盎司	30毫升
¼杯	2液量盎司	60毫升
⅓杯	3液量盎司	80毫升
½杯	4液量盎司	125毫升
⅔杯	5液量盎司	160毫升

餐勺和杯 Tablespoons & Cups	液量盎司 Fluid Ounces	毫升 Milliliters
¾杯	6液量盎司	180毫升
1杯	8液量盎司	250毫升
1½杯	12液量盎司	375毫升
2杯	16液量盎司	500毫升
3杯	24液量盎司	750毫升
4杯	32液量盎司	1升

克 Grams / 盎司 Ounces	7 克 / ¼ 盎司	10 克 / ⅓ 盎司	15 克 / ½ 盎司	20 克 / ¾ 盎司	30 克 / 1 盎司
125 克 / ¼ 磅 (4 盎司)	155 克 / ⅓ 磅 (5 盎司)	250 克 / ½ 磅 (8 盎司)	375 克 / ¾ 磅 (12 盎司)	500 克 / 1 磅 (16 盎司)	1 千克 / 2 磅 (32 盎司)

010 温度换算 convert temperature

摄氏温度 Celsius / 华氏温度 Fahrenheit	38℃ / 100℉	60℃ / 140℉	80℃ / 175℉	95℃ / 200℉	110℃ / 225℉	120℃ / 250℉
	135℃ / 275℉	150℃ / 300℉	165℃ / 325℉	180℃ / 350℉	190℃ / 375℉	200℃ / 400℉
	220℃ / 425℉	230℃ / 450℉	245℃ / 475℉	260℃ / 500℉	275℃ / 525℉	290℃ / 550℉

011 长度换算 convert length

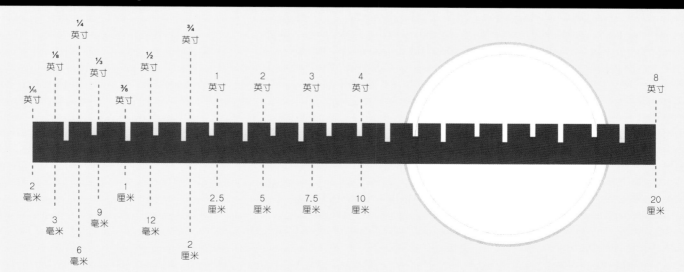

¹⁄₁₆ 英寸 — 2 毫米
⅛ 英寸 — 3 毫米
¼ 英寸 — 6 毫米
⅓ 英寸 — 9 毫米
⅜ 英寸 — 1 厘米
½ 英寸 — 12 毫米
¾ 英寸 — 2 厘米
1 英寸 — 2.5 厘米
2 英寸 — 5 厘米
3 英寸 — 7.5 厘米
4 英寸 — 10 厘米
8 英寸 — 20 厘米

012 分离蛋黄和蛋白 separate an egg

✱ 请记住使用新鲜鸡蛋。保证蛋白中不会混有蛋黄,否则蛋白将无法打发。

将鸡蛋磕开。

将裂开的鸡蛋放在空碗上方,小心地分开蛋壳,仅让蛋白流到碗中,保留蛋黄。将蛋壳内剩下的蛋黄在两瓣蛋壳中反复倒换几下,将剩余的蛋白倒入碗中。

将蛋黄放入另一只碗里。

013 打发蛋白 whip egg whites

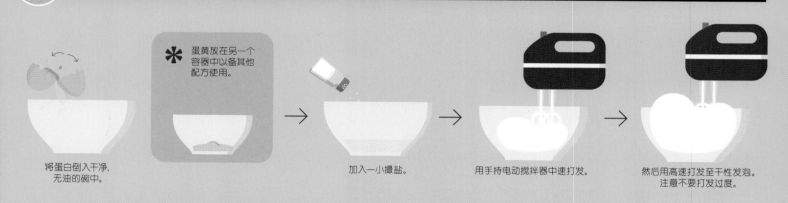

✱ 蛋黄放在另一个容器中以备其他配方使用。

将蛋白倒入干净、无油的碗中。

加入一小撮盐。

用手持电动搅拌器中速打发。

然后用高速打发至干性发泡。注意不要打发过度。

014 加入打发的蛋白 fold in whipped egg whites

面糊或面团

打发的蛋白

缓慢地将三分之一的蛋白加入到面糊中,搅拌。

然后,缓慢地加入剩下的打发蛋白。

015 打发淡奶油 whip cream

✳ 打发时间不要过久,否则奶油会变得干松。如果已经过度打发,可以加入少量没有打发的淡奶油,混合后缓慢将淡奶油恢复至湿性发泡。

将冷的重奶油倒入碗中,加入甜味剂调味。

用中高速打发奶油直至黏稠,然后用高速打发至湿性发泡。

016 给烤模涂油 grease baking pans

取一只小碗,放入黄油,搁至室温。

用刷子蘸取软化的黄油。

用黄油充分涂抹烤模表面。

017 给烤模表面撒上面粉 flour baking pans

✳ 这种方法也适用于砂糖或面包屑。

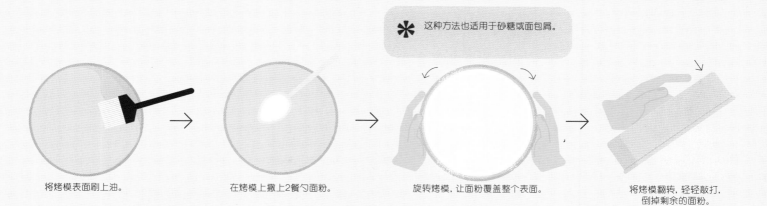

将烤模表面刷上油。

在烤模上撒上2餐勺面粉。

旋转烤模,让面粉覆盖整个表面。

将烤模翻转,轻轻敲打,倒掉剩余的面粉。

185克无盐黄油

185克砂糖

将黄油和砂糖倒进料理碗。

用中速打发。

3 min

调至高速,将黄油打发至顺滑,呈淡黄色。

5 min

用手指测试一下,感觉不到砂糖的颗粒感就意味着打发好了。

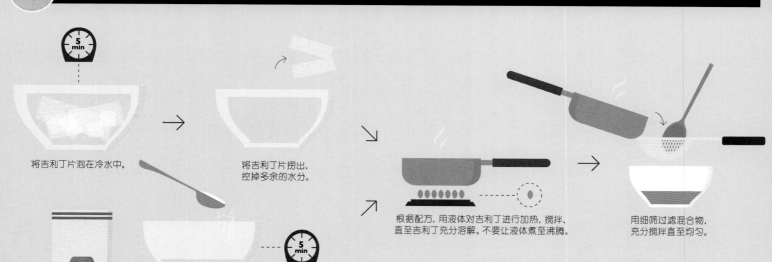

5 min

将吉利丁片泡在冷水中。

将吉利丁片捞出,控掉多余的水分。

将吉利丁粉末放入冷水中,搅拌,直至水变得浑浊不透明。

5 min

根据配方,用液体对吉利丁进行加热,搅拌,直至吉利丁充分溶解。不要让液体煮至沸腾。

用细筛过滤混合物,充分搅拌直至均匀。

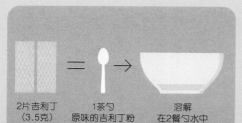

2片吉利丁
(3.5克)

1茶勺
原味的吉利丁粉

溶解
在2餐勺水中

4片吉利丁
(7克/¼盎司)

1餐勺原味的吉利丁粉

溶解在
4餐勺水中

6片吉利丁
(10克/⅓盎司)

1½餐勺
原味的吉利丁粉

溶解
在6餐勺水中

020 取香草籽 work with vanilla beans

用削皮刀从侧面将豆荚划开。

用刀背刮取香草籽。

021 制作香草糖 make your own vanilla sugar

※ 可以用自制的香草糖代替香草精——1茶勺香草精等于7克香草糖。可以根据配方调整砂糖的用量。

220克砂糖　　带盖的玻璃罐子　　去了籽的香草豆荚

将砂糖倒进玻璃罐子。　　放入香草豆荚,封好罐子。　　放置2周后使用。

022 编织乡村格子派 weave a lattice-top pie

操作台上撒上面粉防粘,将制作派的面团擀成约3毫米厚的圆饼,然后切成2.5厘米宽的长条。

将一半面条沿同一方向放在派的表面。

每隔一根,将面条折回去,然后沿垂直方向放一根面条,再将折回的面条放平。

重复这个操作,直至派的表面被完全覆盖。

蛋糕脱模 release a cake after baking

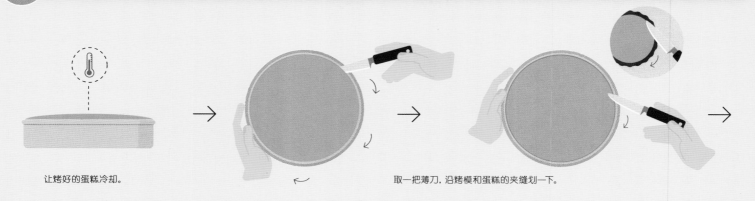

让烤好的蛋糕冷却。

取一把薄刀,沿烤模和蛋糕的夹缝划一下。

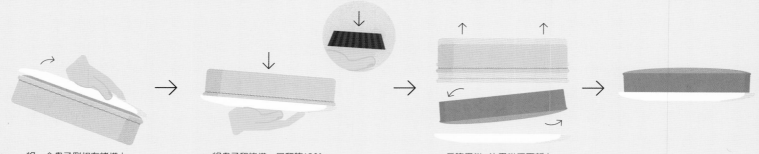

将一个盘子倒扣在烤模上。

将盘子和烤模一同翻转180°。

反转蛋糕,让蛋糕正面朝上。

给蛋糕分层 cut a cake into layers

将蛋糕放在平整的表面上。取一把长、薄的锯齿刀,平行于蛋糕表面放置。

缓慢转动蛋糕,沿着蛋糕侧面居中位置划出一条线。

沿着这条线,水平地将蛋糕分成两层。如果需要继续分层可以反复该操作。

砂糖拔丝 make sugar threads

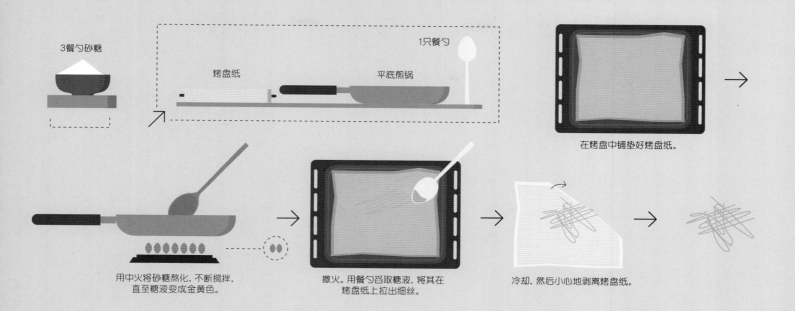

3餐勺砂糖

烤盘纸　　　　　　　　　　1只餐勺　　　平底煎锅

在烤盘中铺垫好烤盘纸。

用中火将砂糖熬化，不断搅拌，
直至糖液变成金黄色。

撤火。用餐勺舀取糖液，将其在
烤盘纸上拉出细丝。

冷却，然后小心地剥离烤盘纸。

制作糖衣花瓣 make sugared flower petals

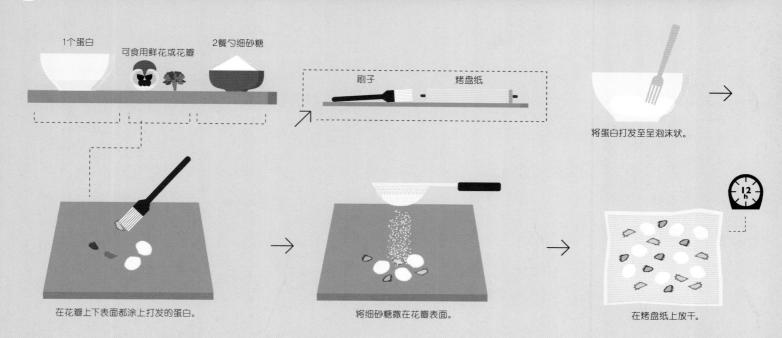

1个蛋白　　　可食用鲜花或花瓣　　2餐勺细砂糖

刷子　　　　烤盘纸

将蛋白打发至呈泡沫状。

在花瓣上下表面都涂上打发的蛋白。

将细砂糖撒在花瓣表面。

在烤盘纸上放干。

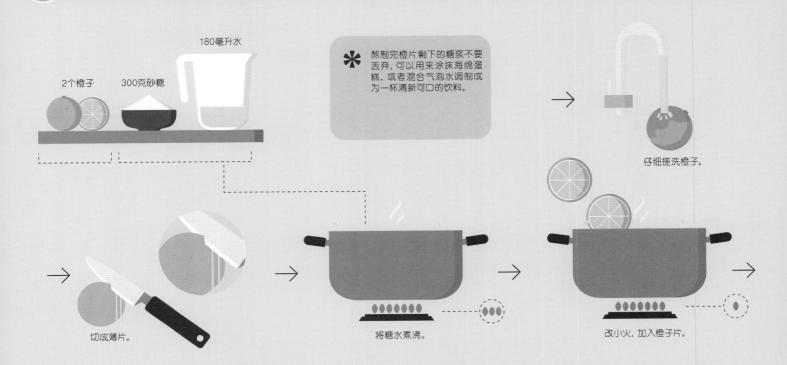

180毫升水

2个橙子　　300克砂糖

熬制完橙片剩下的糖浆不要丢弃，可以用来涂抹海绵蛋糕，或者混合气泡水调制成为一杯清新可口的饮料。

仔细搓洗橙子。

切成薄片。

将糖水煮沸。

改小火，加入橙子片。

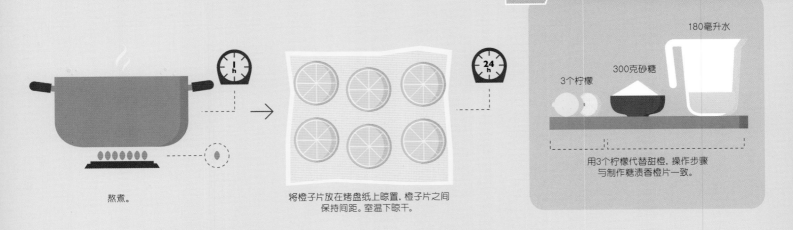

熬煮。

将橙子片放在烤盘纸上晾置，橙子片之间保持间距。室温下晾干。

180毫升水

3个柠檬　　300克砂糖

用3个柠檬代替甜橙，操作步骤与制作糖渍香橙片一致。

制作糖渍橙皮 candy orange zest

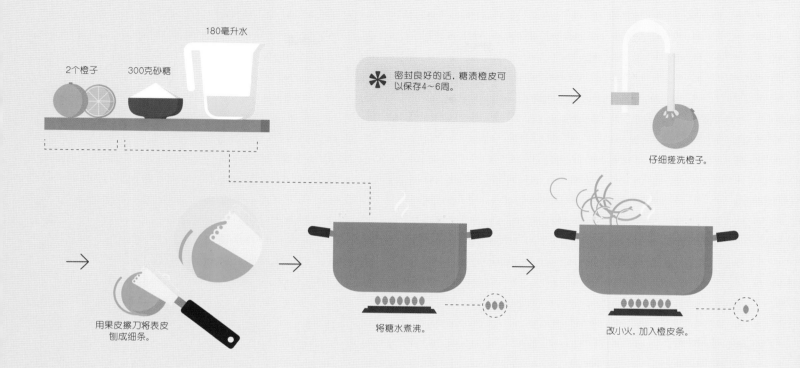

2个橙子　　300克砂糖　　180毫升水

✱ 密封良好的话，糖渍橙皮可以保存4～6周。

仔细搓洗橙子。

用果皮擦刀将表皮刨成细条。

将糖水煮沸。

改小火，加入橙皮条。

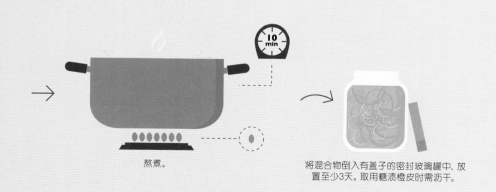

10 min

熬煮。

将混合物倒入有盖子的密封玻璃罐中，放置至少3天。取用糖渍橙皮时需沥干。

030 制作糖渍柠檬皮 candy lemon zest

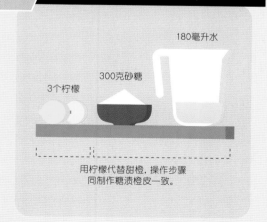

180毫升水

300克砂糖

3个柠檬

用柠檬代替甜橙，操作步骤同制作糖渍橙皮一致。

031 制作巧克力糖霜 make chocolate icing

100克
黑巧克力, 切碎

80克
防潮糖粉, 过筛

3餐勺无盐黄油

3餐勺水

✳ 盛放食材的碗不能接触到锅中的热水。也可以用白巧克力代替黑巧克力。

将巧克力隔水加热至融化。

加入防潮糖粉和黄油, 搅拌至混合。如有需要, 可以再加入一些水。趁热涂抹在蛋糕表面。

032 制作巧克力叶子 make chocolate leaves

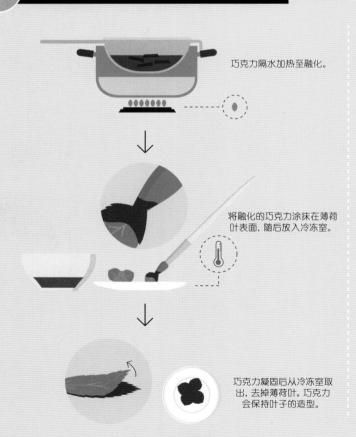

巧克力隔水加热至融化。

将融化的巧克力涂抹在薄荷叶表面, 随后放入冷冻室。

巧克力凝固后从冷冻室取出, 去掉薄荷叶。巧克力会保持叶子的造型。

033 制作巧克力蕾丝 make chocolate lace

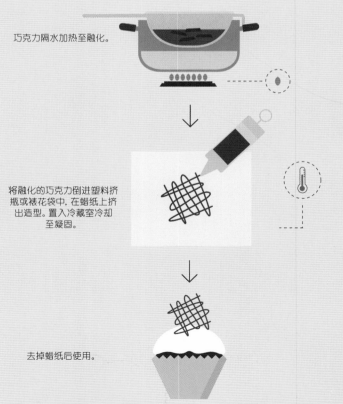

巧克力隔水加热至融化。

将融化的巧克力倒进塑料挤瓶或裱花袋中, 在蜡纸上挤出造型。置入冷藏室冷却至凝固。

去掉蜡纸后使用。

给蛋糕完美平滑地涂抹糖霜 ice a perfectly smooth cake

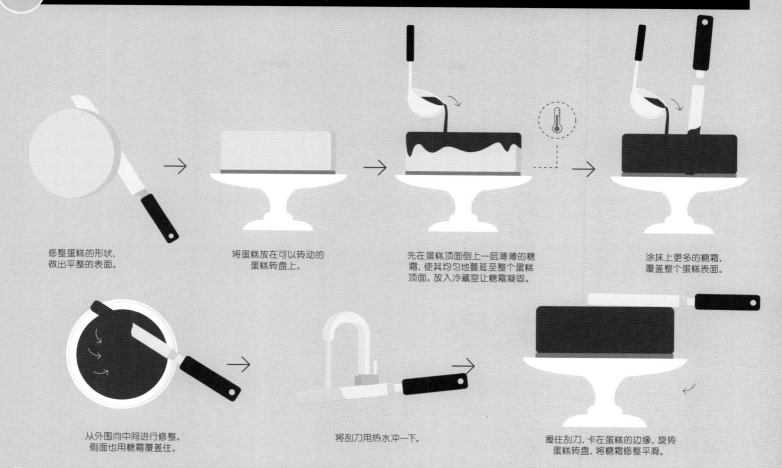

修整蛋糕的形状，
做出平整的表面。

将蛋糕放在可以转动的
蛋糕转盘上。

先在蛋糕顶面倒上一层薄薄的糖
霜，使其均匀地蔓延至整个蛋糕
顶面。放入冷藏室让糖霜凝固。

涂抹上更多的糖霜，
覆盖整个蛋糕表面。

从外围向中间进行修整。
侧面也用糖霜覆盖住。

将刮刀用热水冲一下。

握住刮刀，卡在蛋糕的边缘，旋转
蛋糕转盘，将糖霜修整平滑。

035 用防潮糖粉印花 stencil with sugar

将印花模子放在冷却的、涂抹了
糖霜的蛋糕表面。

用细筛轻轻地将防潮糖粉
撒在蛋糕上。

小心地取下印花模子。

036 刮取巧克力 shave chocolate

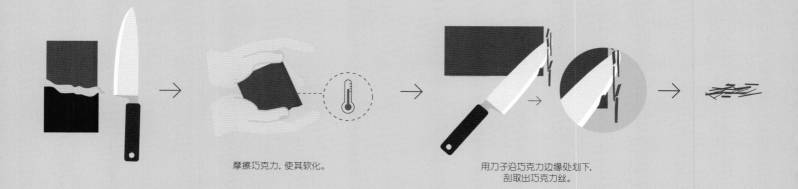

摩擦巧克力，使其软化。

用刀子沿巧克力边缘处划下，
刮取出巧克力丝。

037 取巧克力碎卷 curl chocolate

用蔬果去皮器从巧克力边缘
刮下巧克力卷。

038 取巧克力碎 chop chocolate

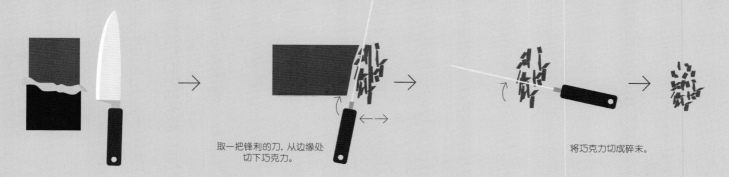

取一把锋利的刀，从边缘处
切下巧克力。

将巧克力切成碎末。

039 用裱花袋装饰蛋糕 decorate with a pastry bag

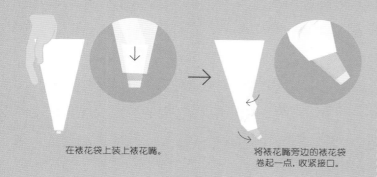

在裱花袋上装上裱花嘴。

将裱花嘴旁边的裱花袋
卷起一点，收紧接口。

将裱花袋放入一只高马克杯
或玻璃杯中。

向外翻折裱花袋边缘，
形成袋口。

填满裱花袋。

解开袋口。

将裱花袋从杯中取出，
将开口拧紧。

040 用打发的淡奶油装饰蛋糕 decorate with whipped cream

041 用巧克力黄油酱装饰蛋糕 decorate with chocolate buttercream

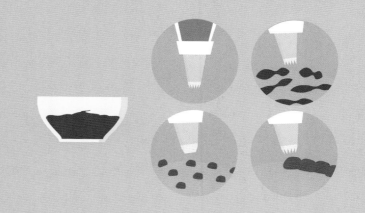

042 用蛋白霜装饰蛋糕 decorate with meringue

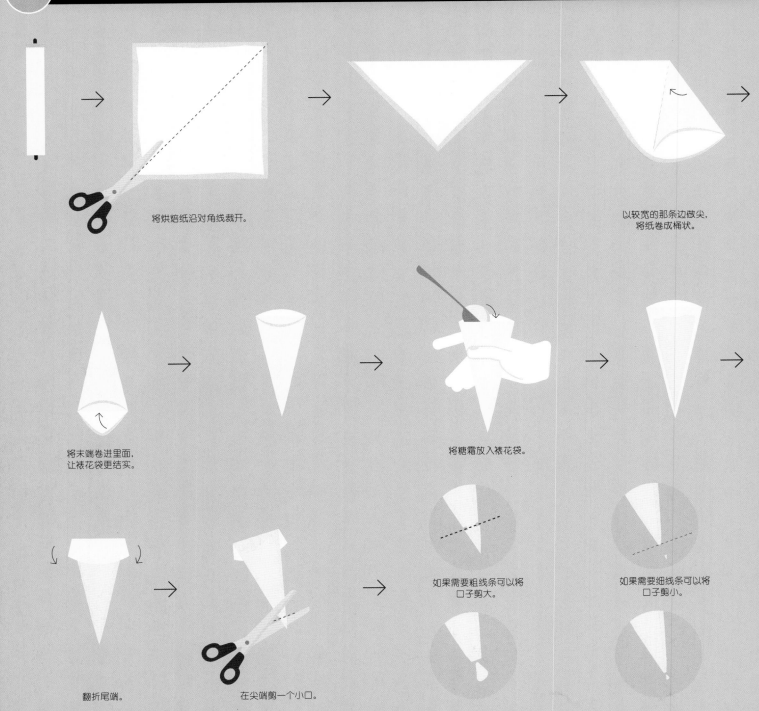

将烘焙纸沿对角线裁开。

以较宽的那条边做尖，将纸卷成桶状。

将末端卷进里面，让裱花袋更结实。

将糖霜放入裱花袋。

翻折尾端。

在尖端剪一个小口。

如果需要粗线条可以将口子剪大。

如果需要细线条可以将口子剪小。

绘制经典线条。 勾勒轮廓线。 在轮廓中涂满颜色。

画点。 在蛋糕上写字。 画波浪线。

将糖霜分装在不同的小碗中，混入可食用
色素。可以用多种颜色进行点缀。

基本款面糊和面团

basic batters and doughs

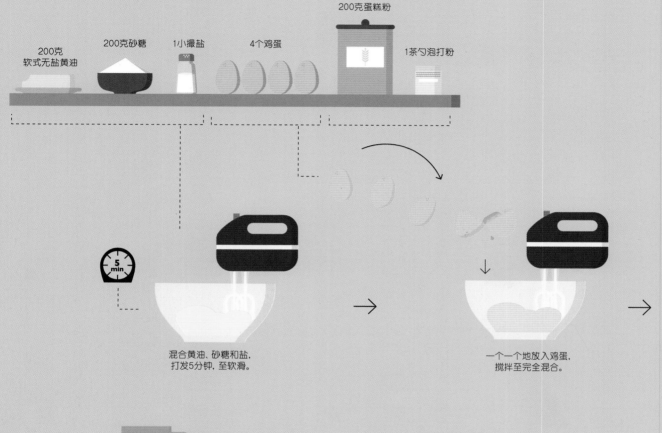

200克
软式无盐黄油

300克砂糖

1小撮盐

4个鸡蛋

200克蛋糕粉

1茶勺泡打粉

5 min

混合黄油、砂糖和盐，
打发5分钟，至软滑。

一个一个地放入鸡蛋，
搅拌至完全混合。

面粉和泡打粉混合后过筛，倒入黄油中，
用抹刀搅拌。马上使用。

如果不立即烘焙使用，请将面糊盖起来，
否则会变味。

✱ 砂糖与黄油需抽打至完全混
合。可以用手指蘸取一点尝尝
看，如果尝到颗粒感就说明没
有完全溶解，需要继续抽打。

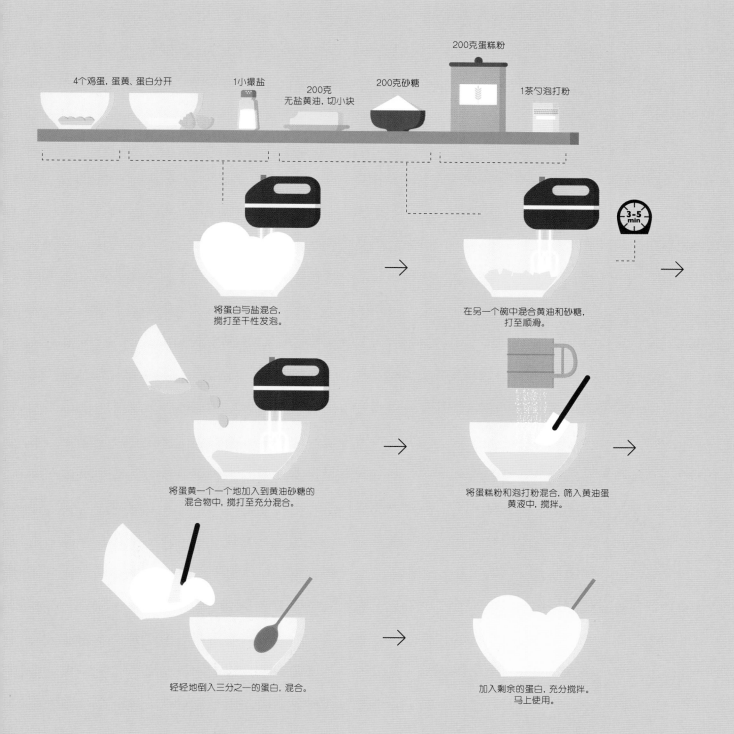

4个鸡蛋, 蛋黄、蛋白分开

1小撮盐

200克
无盐黄油, 切小块

200克砂糖

200克蛋糕粉

1茶勺泡打粉

3-5 min

将蛋白与盐混合,
搅打至干性发泡。

在另一个碗中混合黄油和砂糖,
打至顺滑。

将蛋黄一个一个地加入到黄油砂糖的
混合物中, 搅打至充分混合。

将蛋糕粉和泡打粉混合, 筛入黄油蛋
黄液中, 搅拌。

轻轻地倒入三分之一的蛋白, 混合。

加入剩余的蛋白, 充分搅拌。
马上使用。

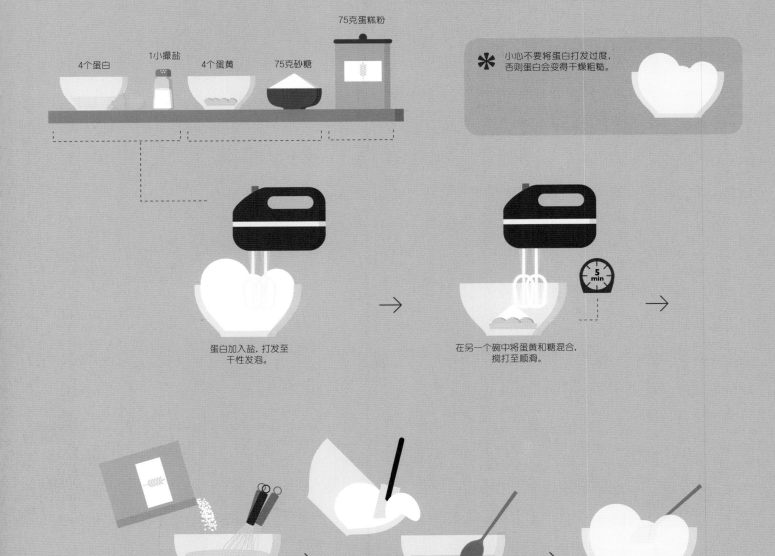

75克蛋糕粉

4个蛋白　　1小撮盐　　4个蛋黄　　75克砂糖

✱ 小心不要将蛋白打发过度,
否则蛋白会变得干燥粗糙。

蛋白加入盐, 打发至
干性发泡。

5 min

在另一个碗中将蛋黄和糖混合,
搅打至顺滑。

将面粉加入蛋黄液中,
一边倒一边搅打。

轻轻地倒入三分之一的
蛋白, 混合。

加入剩余的蛋白,
充分搅拌。

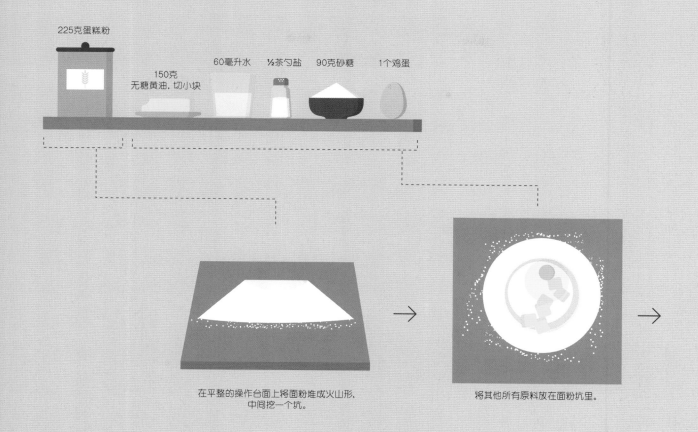

225克蛋糕粉

150克
无糖黄油,切小块

60毫升水　½茶勺盐　90克砂糖　1个鸡蛋

在平整的操作台面上将面粉堆成火山形,
中间挖一个坑。

将其他所有原料放在面粉坑里。

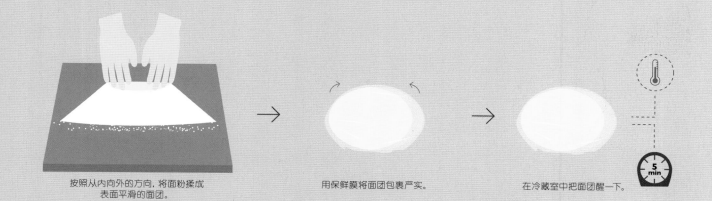

按照从内向外的方向,将面粉揉成
表面平滑的面团。

用保鲜膜将面团包裹严实。

在冷藏室中把面团醒一下。

5 min

425克中筋面粉

2餐勺砂糖

½茶勺盐

250克
冷黄油, 切小块

125毫升
冰水, 根据需要可能会用到更多

✳ 用保鲜膜将面团包裹冷冻, 可以保存2个月之久。

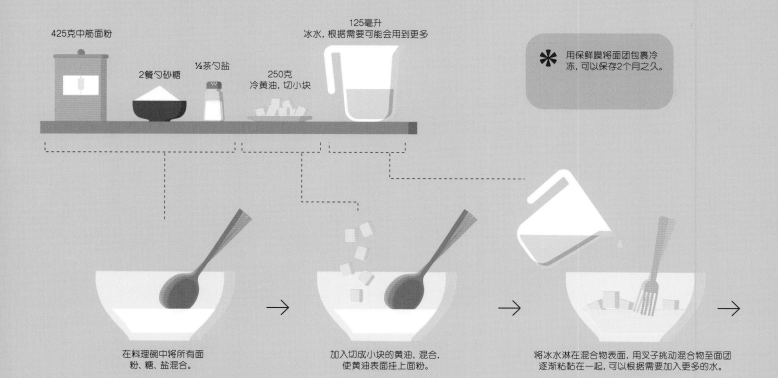

在料理碗中将所有面粉、糖、盐混合。

加入切成小块的黄油, 混合, 使黄油表面挂上面粉。

将冰水淋在混合物表面, 用叉子挑动混合物至面团逐渐粘黏在一起, 可以根据需要加入更多的水。

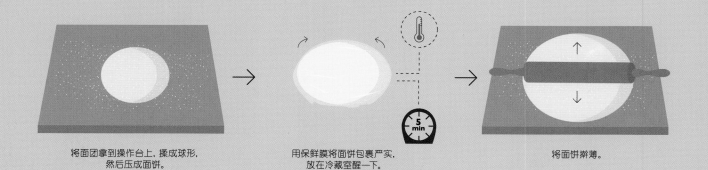

5 min

将面团拿到操作台上, 揉成球形, 然后压成面饼。

用保鲜膜将面饼包裹严实, 放在冷藏室醒一下。

将面饼擀薄。

198 制作薄脆姜饼

191 制作巧克力碎片曲奇

204 制作砂糖曲奇

✳ 也可以用带金属刀片的食物料理机来制作曲奇屑。

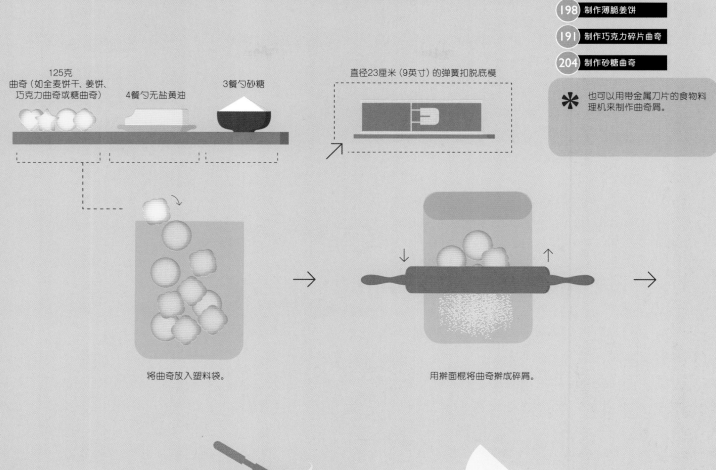

125克
曲奇（如全麦饼干、姜饼、巧克力曲奇或糖曲奇）　　4餐勺无盐黄油　　　3餐勺砂糖

直径23厘米（9英寸）的弹簧扣脱底模

将曲奇放入塑料袋。

用擀面棍将曲奇擀成碎屑。

融化黄油。

在料理碗中混合曲奇屑、融化的黄油和砂糖，充分搅拌。

将混合物放入脱底模中压平，比模具底部略高出一点。

191 制作巧克力碎片曲奇

204 制作砂糖曲奇

198 制作薄脆姜饼

✱ 制作奶酪蛋糕、慕斯蛋糕或糕点的理想搭配。

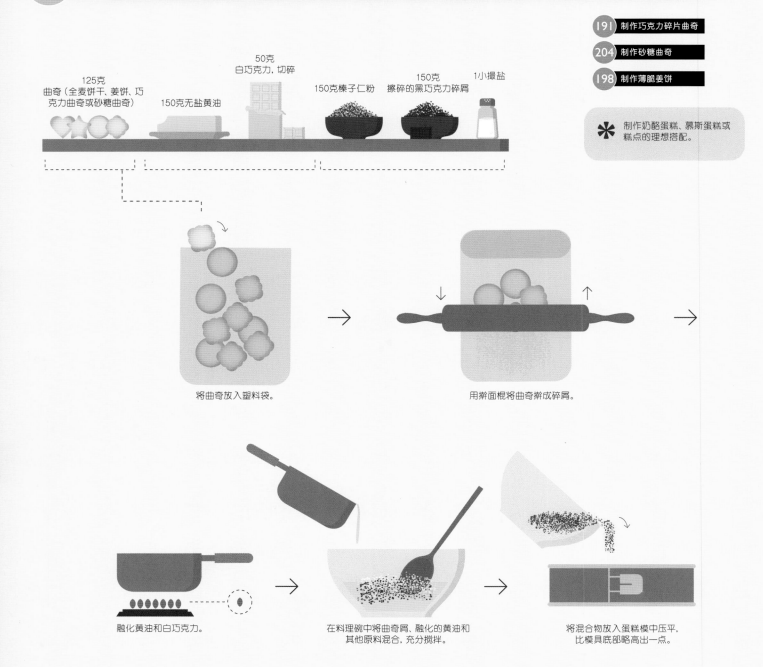

125克
曲奇（全麦饼干、姜饼、巧
克力曲奇或砂糖曲奇）

150克无盐黄油

50克
白巧克力，切碎

150克榛子仁粉

150克
擦碎的黑巧克力碎屑

1小撮盐

将曲奇放入塑料袋。

用擀面棍将曲奇擀成碎屑。

融化黄油和白巧克力。

在料理碗中将曲奇屑、融化的黄油和
其他原料混合，充分搅拌。

将混合物放入蛋糕模中压平，
比模具底部略高出一点。

44

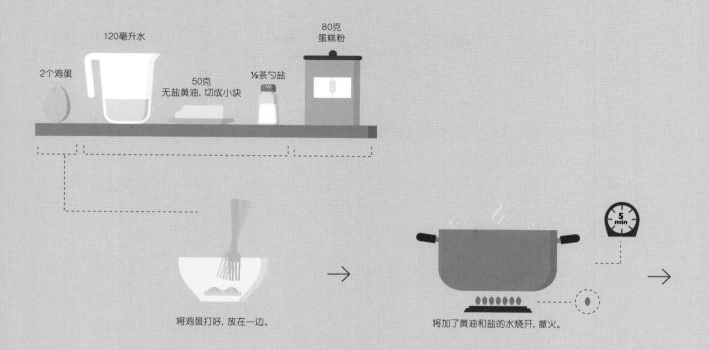

2个鸡蛋

120毫升水

50克
无盐黄油, 切成小块

½茶勺盐

80克
蛋糕粉

将鸡蛋打好, 放在一边。

将加了黄油和盐的水烧开, 撤火。

5 min

一次性加入全部面粉。加热, 直至混合物
无法附着在锅壁上。

撤火, 缓缓地加入蛋液, 一边加入一边搅
拌。面团必须马上使用。

250毫升
全脂牛奶

3餐勺砂糖

2餐勺
无盐黄油

2¼茶勺
活性干酵母

500克全效面粉

3个鸡蛋

1茶勺盐

1茶勺葵花子油

❋ 可以用7克速溶酵母代替活性干酵母。将所有原料混合，揉制成面团，然后醒1个小时。

加热牛奶、砂糖和黄油。

倒入碗中，冷却至40~46℃。

40℃

将酵母撒在牛奶液表面，加入3餐勺面粉，边加入边搅打。

10 min

放至出现泡沫。

将剩下的面粉倒入另一个碗中，中间挖个坑。

将酵母混合液、鸡蛋和盐一起搅拌进去，做成柔软粘手的面团。

10 min

将面团放在撒了面粉的操作台上，揉至光滑有弹性、不再粘手为止。

在碗壁上刷油，放入面团，表面用保鲜膜覆盖。

将面团放置于温暖环境，直至面团发酵至2倍大。

250毫升
全脂牛奶

3餐勺砂糖

2餐勺
无盐黄油

2¼茶勺
活性干酵母

500克
中筋面粉

5个蛋黄

2个鸡蛋

1茶勺盐

1茶勺葵花子油

可以用7克速溶酵母代替活性干酵母。将所有原料混合，揉制成面团，然后醒1个小时。

加热牛奶、砂糖和黄油。

40°C
将牛奶倒入碗中，冷却至40～46℃。

将酵母撒在牛奶表面，加入3餐勺面粉，打至均匀混合。

10 min
放至出现泡沫。

将剩下的面粉倒入另一个碗中，中间挖个坑。

将酵母混合液、黄油、蛋黄、鸡蛋和盐一起搅拌进去，做成柔软粘手的面团。

10 min
将面团放在撒了面粉的操作台上，揉至光滑有弹性、不再粘手为止。

将碗壁刷上油，放入面团后，表面用保鲜膜覆盖。

将面团放置于温暖环境，直至面团发酵至2倍大。

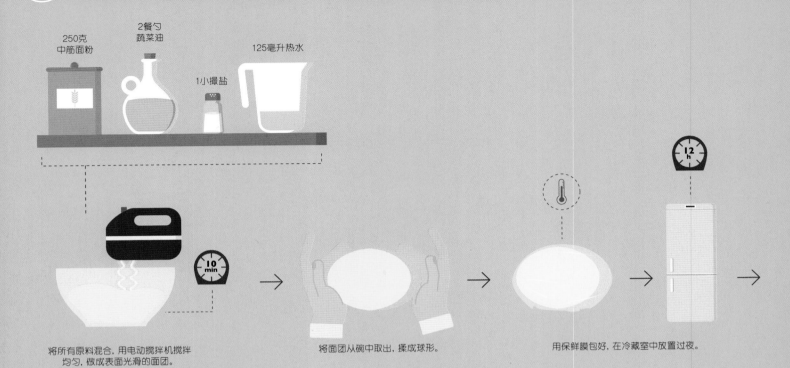

250克
中筋面粉

2餐勺
蔬菜油

1小撮盐

125毫升热水

10 min

将所有原料混合, 用电动搅拌机搅拌均匀, 做成表面光滑的面团。

将面团从碗中取出, 揉成球形。

12 h

用保鲜膜包好, 在冷藏室中放置过夜。

在干净潮湿的厨房餐布上, 将面团擀平。

用手尽量把面皮撑大、撑薄。

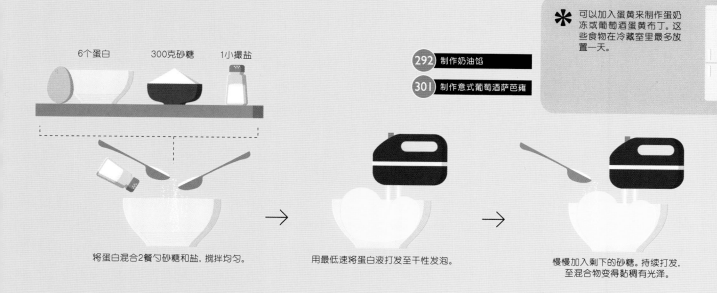

可以加入蛋黄来制作蛋奶冻或葡萄酒蛋黄布丁。这些食物在冷藏室里最多放置一天。

292 制作奶油馅

301 制作意式葡萄酒萨芭雍

6个蛋白　　　300克砂糖　　　1小撮盐

将蛋白混合2餐勺砂糖和盐，搅拌均匀。

用最低速将蛋白液打发至干性发泡。

慢慢加入剩下的砂糖。持续打发，至混合物变得黏稠有光泽。

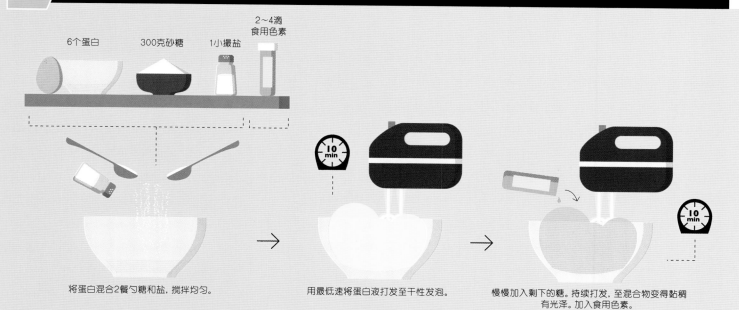

2～4滴食用色素

6个蛋白　　　300克砂糖　　　1小撮盐

10 min

10 min

将蛋白混合2餐勺糖和盐，搅拌均匀。

用最低速将蛋白液打发至干性发泡。

慢慢加入剩下的糖。持续打发，至混合物变得黏稠有光泽。加入食用色素。

蛋糕和快手面包

cakes and quick breads

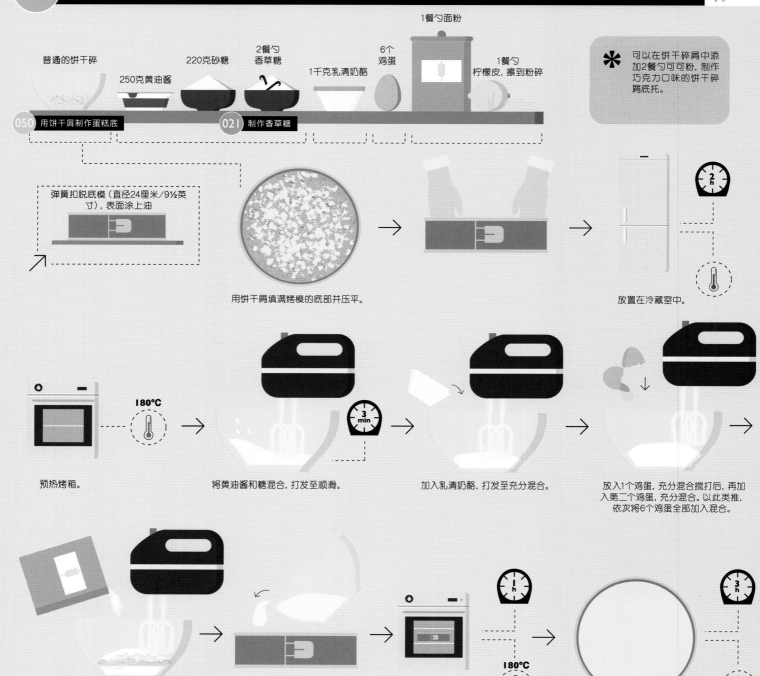

普通的饼干碎

250克黄油酱

220克砂糖

2餐勺香草糖

1千克乳清奶酪

6个鸡蛋

1餐勺面粉

1餐勺柠檬皮，擦到粉碎

* 可以在饼干碎屑中添加2餐勺可可粉，制作巧克力口味的饼干碎屑底托。

050 用饼干屑制作蛋糕底

021 制作香草糖

弹簧扣脱底模（直径24厘米/9½英寸），表面涂上油

用饼干屑填满烤模的底部并压平。

放置在冷藏室中。

预热烤箱。

180℃

将黄油酱和糖混合，打发至顺滑。

3 min

加入乳清奶酪，打发至充分混合。

放入1个鸡蛋，充分混合搅打后，再加入第二个鸡蛋，充分混合。以此类推，依次将6个鸡蛋全部加入混合。

加入面粉和柠檬皮碎屑，搅拌至充分混合。

将奶酪糊倒入底托已经凝固好的烤模中，摇晃平整。

烘烤至奶酪凝固，边缘处轻微膨起。

1 h

180℃

冷却，将表面覆盖，冷藏。上桌时，打开烤模，去掉脱底模边，移至蛋糕托。

3 h

制作香草乳清奶酪蛋糕
make vanilla-ricotta cheesecake

用马斯卡彭奶酪制作奶酪蛋糕
make cheesecake with mascarpone

1餐勺香草精

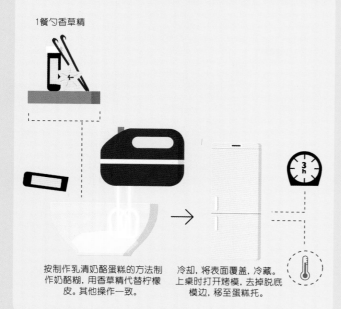

200克
马斯卡彭奶酪

400克黄油酱

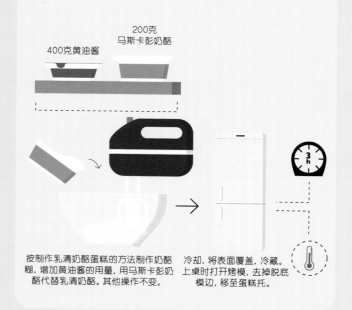

按制作乳清奶酪蛋糕的方法制作奶酪糊,用香草精代替柠檬皮。其他操作一致。

冷却,将表面覆盖,冷藏。上桌时打开烤模,去掉脱底模边,移至蛋糕托。

按制作乳清奶酪蛋糕的方法制作奶酪糊,增加黄油酱的用量,用马斯卡彭奶酪代替乳清奶酪。其他操作不变。

冷却,将表面覆盖,冷藏。上桌时打开烤模,去掉脱底模边,移至蛋糕托。

制作混合浆果乳清奶酪蛋糕 make mixed berry ricotta cheesecake

90克红醋栗啫喱

250克混合浆果

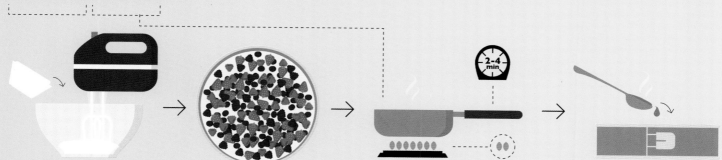

按制作柠檬乳清奶酪蛋糕的方法进行准备。

蛋糕烤好并冷却后,将混合浆果码放在乳酪蛋糕表面。

将红醋栗啫喱加热至融化。

将融化的啫喱淋在浆果表面,给蛋糕加一层亮晶晶的外观。食用前脱模,将蛋糕放在盘子中上桌即可。

饼干屑制作的
蛋糕底

用来做蛋糕馅料的
乳清奶酪

2餐勺
无盐黄油

500克
樱桃，去核

2餐勺
柠檬汁

1餐勺杏仁酒

60克砂糖

1餐勺无盐黄油

45克杏仁片

225克
酸奶油

60克砂糖

1茶勺
香草精

1茶勺
杏仁精

050　用饼干屑制作蛋糕底　　058　制作柠檬乳清奶酪蛋糕

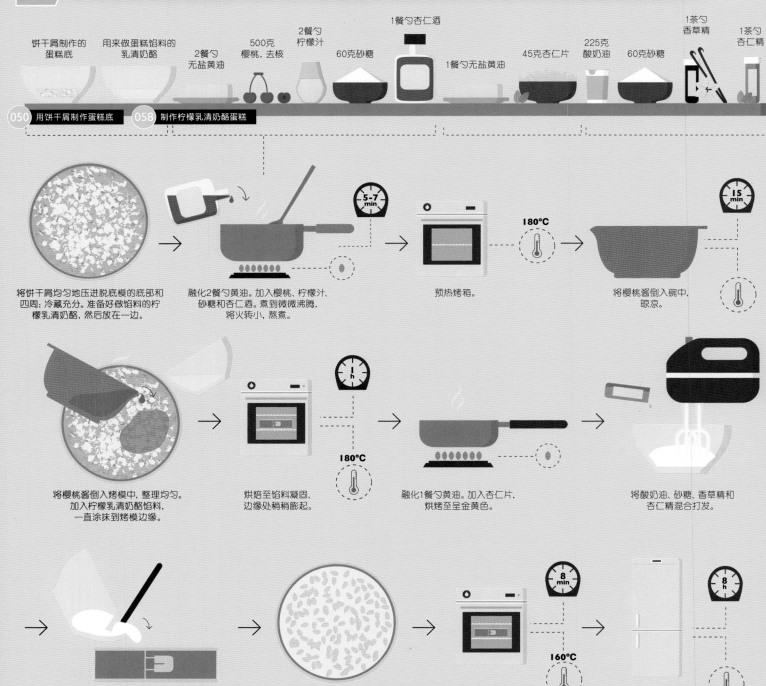

将饼干屑均匀地压进脱底模的底部和
四周；冷藏充分。准备好做馅料的柠
檬乳清奶酪，然后放在一边。

融化2餐勺黄油。加入樱桃、柠檬汁、
砂糖和杏仁酒。煮到微微沸腾，
将火转小，熬煮。

5-7 min

180℃

预热烤箱。

15 min

将樱桃酱倒入碗中，
晾凉。

将樱桃酱倒入烤模中，整理均匀。
加入柠檬乳清奶酪馅料，
一直涂抹到烤模边缘。

180℃

烘焙至馅料凝固，
边缘处稍稍膨起。

融化1餐勺黄油。加入杏仁片，
烘烤至呈金黄色。

将酸奶油、砂糖、香草精和
杏仁精混合打发。

将酸奶油糊涂在热奶酪蛋糕表面。

将烤杏仁片撒在蛋糕表面。

160℃

8 min

烘焙至酸奶油糊稍稍凝固。

8 h

盖起来冷藏至充分冷却。脱模，
去掉烤模外圈，移至盘中食用。

60克玉米淀粉, 过筛

酥皮面团　　250克无盐黄油　　250克砂糖　　1小撮盐　　1餐勺柠檬皮碎屑　　6个鸡蛋　　1千克低脂白干酪

048 制作酥皮面团

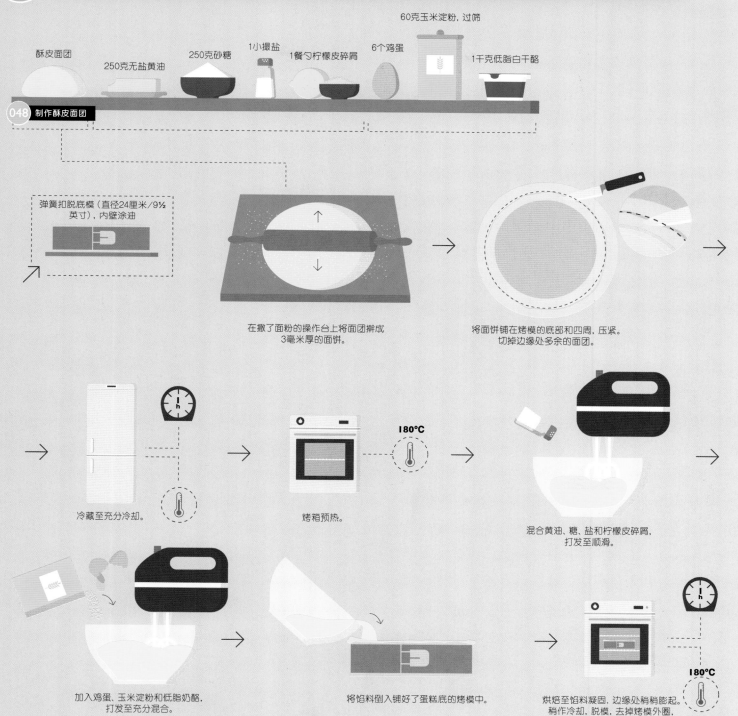

弹簧扣脱底模(直径24厘米/9½英寸), 内壁涂油

在撒了面粉的操作台上将面团擀成3毫米厚的面饼。

将面饼铺在烤模的底部和四周, 压紧。切掉边缘处多余的面团。

冷藏至充分冷却。

烤箱预热。

180℃

混合黄油、糖、盐和柠檬皮碎屑, 打发至顺滑。

加入鸡蛋、玉米淀粉和低脂奶酪, 打发至充分混合。

将馅料倒入铺好了蛋糕底的烤模中。

烘焙至馅料凝固, 边缘处稍稍膨起。稍作冷却, 脱模, 去掉烤模外圈, 移至盘中。冷藏至充分冷却。

180℃

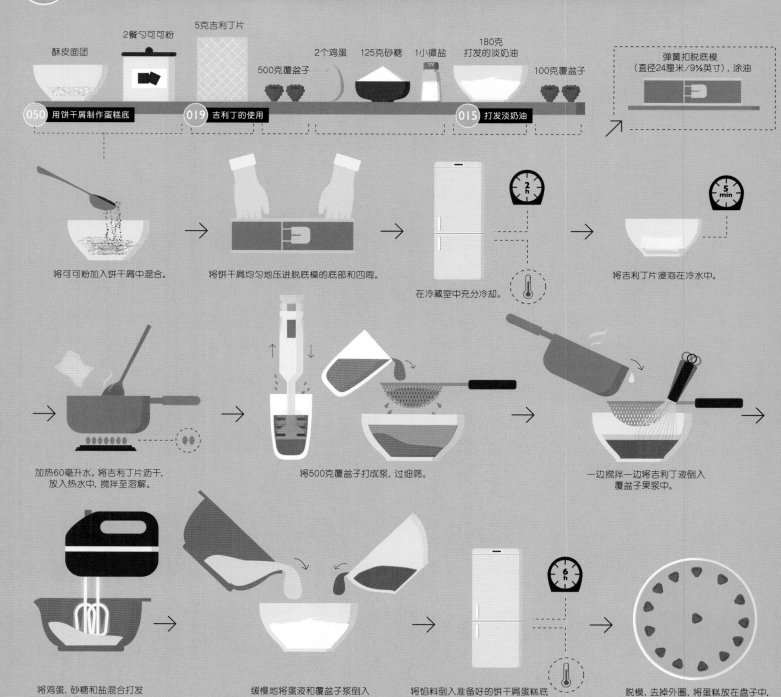

酥皮面团

2餐勺可可粉

5克吉利丁片

500克覆盆子

2个鸡蛋

125克砂糖

1小撮盐

180克
打发的淡奶油

100克覆盆子

弹簧扣脱底模
（直径24厘米/9½英寸），涂油

050 用饼干屑制作蛋糕底

019 吉利丁的使用

015 打发淡奶油

将可可粉加入饼干屑中混合。

将饼干屑均匀地压进脱底模的底部和四周。

在冷藏室中充分冷却。

将吉利丁片浸泡在冷水中。

加热60毫升水。将吉利丁片沥干，
放入热水中，搅拌至溶解。

将500克覆盆子打成浆，过细筛。

一边搅拌一边将吉利丁液倒入
覆盆子果浆中。

将鸡蛋、砂糖和盐混合打发
至呈淡黄色。

缓慢地将蛋液和覆盆子浆倒入
打发的淡奶油中。

将馅料倒入准备好的饼干屑蛋糕底
托上，冷藏至馅料充分冷却凝固。

脱模，去掉外圈，将蛋糕放在盘子中，
用新鲜覆盆子装饰后，即可食用。

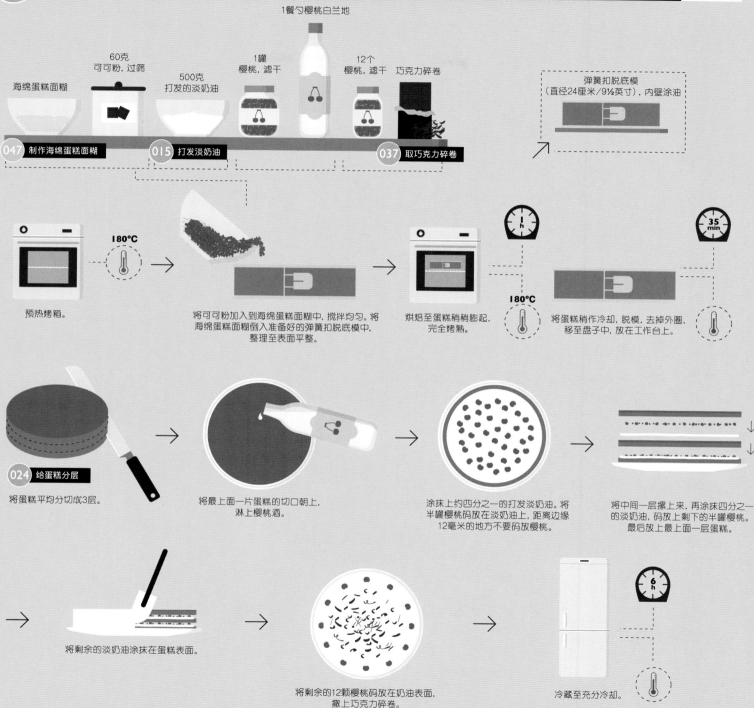

1餐勺樱桃白兰地

60克
可可粉, 过筛

500克
打发的淡奶油

1罐
樱桃, 滤干

12个
樱桃, 滤干　巧克力碎卷

海绵蛋糕面糊

弹簧扣脱底模
(直径24厘米/9½英寸), 内壁涂油

047 制作海绵蛋糕面糊　　015 打发淡奶油　　037 取巧克力碎卷

180°C

预热烤箱。

将可可粉加入到海绵蛋糕面糊中, 搅拌均匀。将海绵蛋糕面糊倒入准备好的弹簧扣脱底模中, 整理至表面平整。

1h
180°C

烘焙至蛋糕稍稍膨起, 完全烤熟。

35 min

将蛋糕稍作冷却, 脱模, 去掉外圈, 移至盘子中, 放在工作台上。

024 给蛋糕分层

将蛋糕平均分切成3层。

将最上面一片蛋糕的切口朝上, 淋上樱桃酒。

涂抹上约四分之一的打发淡奶油。将半罐樱桃码放在淡奶油上, 距离边缘12毫米的地方不要码放樱桃。

将中间一层摞上来, 再涂抹四分之一的淡奶油, 码放上剩下的半罐樱桃。最后放上最上面一层蛋糕。

将剩余的淡奶油涂抹在蛋糕表面。

将剩余的12颗樱桃码放在奶油表面, 撒上巧克力碎卷。

6h

冷藏至充分冷却。

57

125毫升覆盆子烈酒

20根手指饼　　7克吉利丁片　　375克覆盆子　　250克草莓, 去梗　　60克砂糖, 另备3餐勺砂糖　　3个蛋黄　　250毫升打发的淡奶油

217 制作经典手指饼　　**019** 吉利丁的使用　　**015** 打发淡奶油

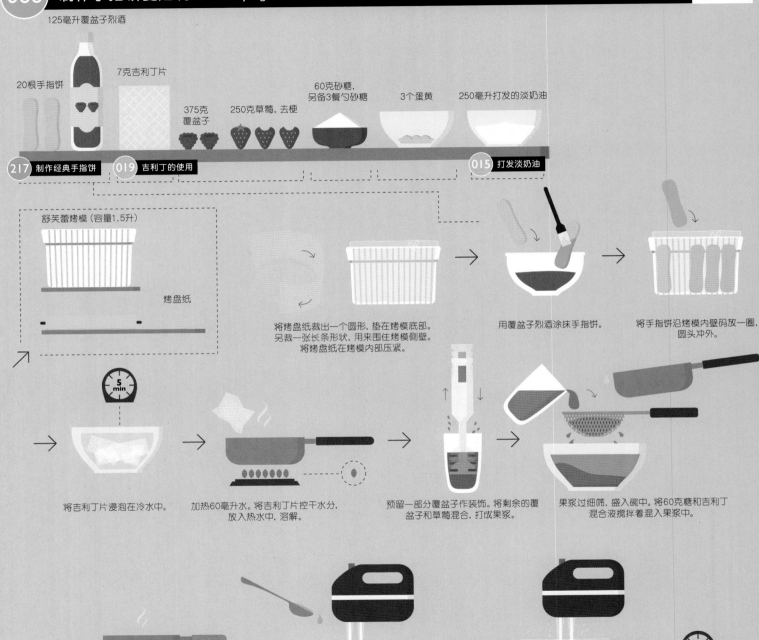

舒芙蕾烤模(容量1.5升)

烤盘纸

将烤盘纸裁出一个圆形, 垫在烤模底部。另裁一张长条形状, 用来围住烤模侧壁。将烤盘纸在烤模内部压紧。

用覆盆子烈酒涂抹手指饼。

将手指饼沿烤模内壁码放一圈, 圆头冲外。

将吉利丁片浸泡在冷水中。

加热60毫升水。将吉利丁片控干水分, 放入热水中, 溶解。

预留一部分覆盆子作装饰。将剩余的覆盆子和草莓混合, 打成果浆。

果浆过细筛, 盛入碗中。将60克糖和吉利丁混合液搅拌着混入果浆中。

将3餐勺糖和80毫升水搅拌混合。煮沸, 加热至糖充分溶解, 形成糖浆。

取一只可以加热的料理碗, 一边打发蛋黄一边将糖浆一点点混合进去。

将料理碗置于稍稍沸腾的热水锅上, 将蛋黄液搅打成浓稠的浅黄色。

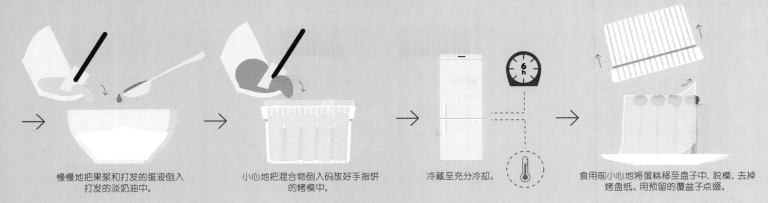

慢慢地把果浆和打发的蛋液倒入
打发的淡奶油中。

小心地把混合物倒入码放好手指饼
的烤模中。

冷藏至充分冷却。

食用前小心地将蛋糕移至盘子中，脱模，去掉
烤盘纸。用预留的覆盆子点缀。

067 制作巴伐利亚奶油蛋糕 make bavarian cream cake

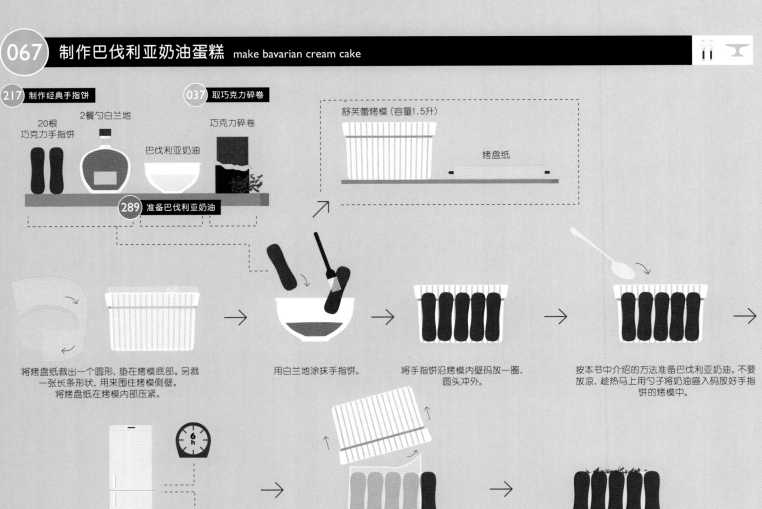

217 制作经典手指饼

20根
巧克力手指饼

2餐勺白兰地

037 取巧克力碎卷

巧克力碎卷

巴伐利亚奶油

舒芙蕾烤模(容量1.5升)

烤盘纸

289 准备巴伐利亚奶油

将烤盘纸裁出一个圆形，垫在烤模底部。另裁
一张长条形状，用来围住烤模侧壁。
将烤盘纸在烤模内部压紧。

用白兰地涂抹手指饼。

将手指饼沿烤模内壁码放一圈，
圆头冲外。

按本书中介绍的方法准备巴伐利亚奶油。不要
放凉，趁热马上用勺子将奶油盛入码放好手指
饼的烤模中。

冷藏至充分冷却。

小心地将蛋糕移至盘子中，脱模，
去掉烤盘纸。

用巧克力碎卷进行点缀。

59

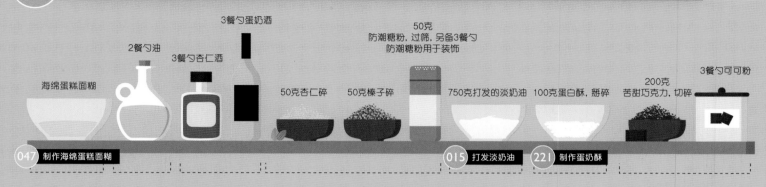

海绵蛋糕面糊

2餐勺油

3餐勺杏仁酒

3餐勺蛋奶酒

50克
防潮糖粉, 过筛, 另备3餐勺
防潮糖粉用于装饰

50克杏仁碎

50克榛子碎

750克打发的淡奶油

100克蛋白酥, 掰碎

200克
苦甜巧克力, 切碎

3餐勺可可粉

047 制作海绵蛋糕面糊

015 打发淡奶油

221 制作蛋奶酥

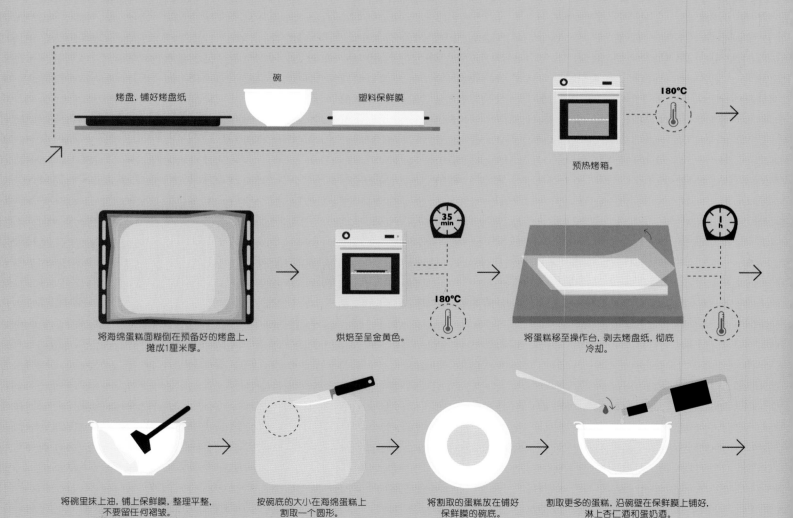

碗

烤盘, 铺好烤盘纸

塑料保鲜膜

180°C

预热烤箱。

将海绵蛋糕面糊倒在预备好的烤盘上, 摊成1厘米厚。

烘焙至呈金黄色。

35 min
180°C

将蛋糕移至操作台, 剥去烤盘纸, 彻底冷却。

将碗里抹上油, 铺上保鲜膜, 整理平整, 不要留任何褶皱。

按碗底的大小在海绵蛋糕上割取一个圆形。

将割取的蛋糕放在铺好保鲜膜的碗底。

割取更多的蛋糕, 沿碗壁在保鲜膜上铺好, 淋上杏仁酒和蛋奶酒。

用平底锅将杏仁碎和榛子碎稍微加热一下，搅拌着加入防潮糖粉。冷却。

慢慢地将混合物倒入打发的淡奶油中。

将果仁奶油糊平均分成两份，放在两个碗中。

取一半碎巧克力，加热融化，稍作冷却。

将融化的碎巧克力与没有加热过的碎巧克力混合，慢慢地倒入一份果仁奶油糊中。

将掰碎的蛋白酥倒入另一份果仁奶油糊中。

将浅色和深色的果仁奶油交替逐层码放在铺好海绵蛋糕的碗中。最上面用一层海绵蛋糕做顶盖。

放入冷藏室充分冷却。

小心地将蛋糕反转倒在盘子上，慢慢地将碗取下。

剥去保鲜膜。

将可可粉和3餐勺防潮糖粉混合。

将可可粉和防潮糖粉的混合物撒在圆顶蛋糕表面。

✳ 可以在蛋糕上涂抹巧克力糖霜来代替可可粉。

031 制作巧克力糖霜

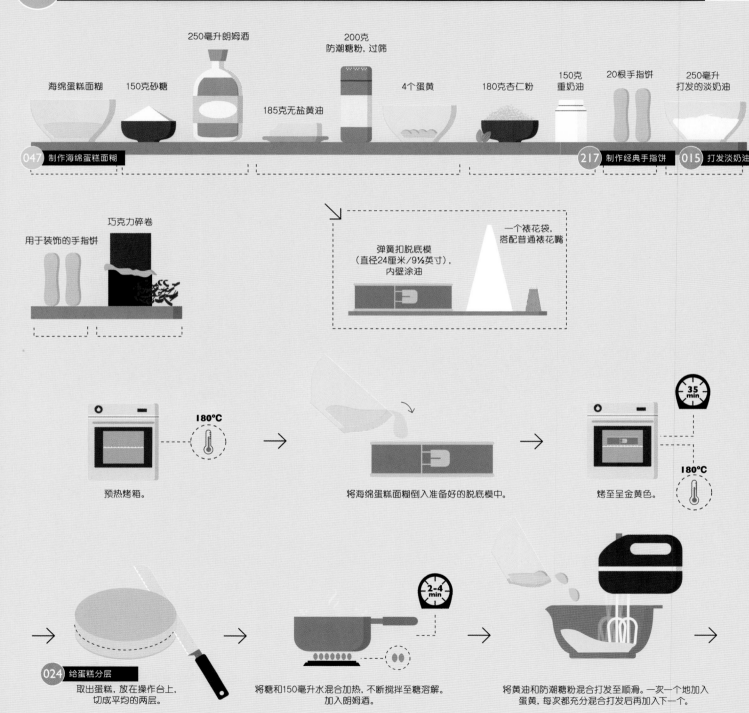

海绵蛋糕面糊　150克砂糖　250毫升朗姆酒　185克无盐黄油　200克防潮糖粉，过筛　4个蛋黄　180克杏仁粉　150克重奶油　20根手指饼　250毫升打发的淡奶油

047 制作海绵蛋糕面糊　　**217** 制作经典手指饼　**015** 打发淡奶油

用于装饰的手指饼　巧克力碎卷

弹簧扣脱底模（直径24厘米／9½英寸），内壁涂油　一个裱花袋，搭配普通裱花嘴

180℃

预热烤箱。

将海绵蛋糕面糊倒入准备好的脱底模中。

35 min　180℃

烤至呈金黄色。

024 给蛋糕分层
取出蛋糕，放在操作台上，切成平均的两层。

2-4 min

将糖和150毫升水混合加热，不断搅拌至糖溶解。加入朗姆酒。

将黄油和防潮糖粉混合打发至顺滑。一次一个地加入蛋黄，每次都充分混合打发后再加入下一个。

加入杏仁粉和重奶油，
打发至干性发泡。

取一层蛋糕切片放在涂过油的脱底烤模中，淋上一些朗姆酒糖浆，倒入三分之一的杏仁奶油糊。

用朗姆酒糖浆涂抹手指饼。

将一半手指饼紧凑地码放在杏仁奶油糊表面。再放上一层杏仁奶油糊，将剩余的手指饼码放在上面。

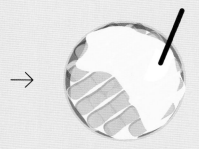

将剩余的杏仁奶油糊涂抹在表面。

覆盖上另一层海绵蛋糕。

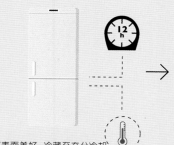

将表面盖好，冷藏至充分冷却。

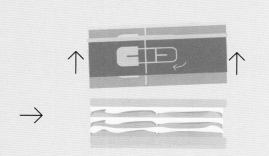

脱模，放在盘子中。

取三分之二的打发淡奶油涂抹在蛋糕表面，从顶面到四周全覆盖。用餐叉在蛋糕侧壁上划出波浪形的花纹。

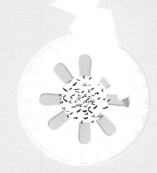

取一个裱花袋，装上普通裱花嘴。将剩余的淡奶油装在裱花袋中，沿蛋糕边缘挤出玫瑰花边。将手指饼掰成两半，和巧克力碎卷一起装饰在蛋糕表面。

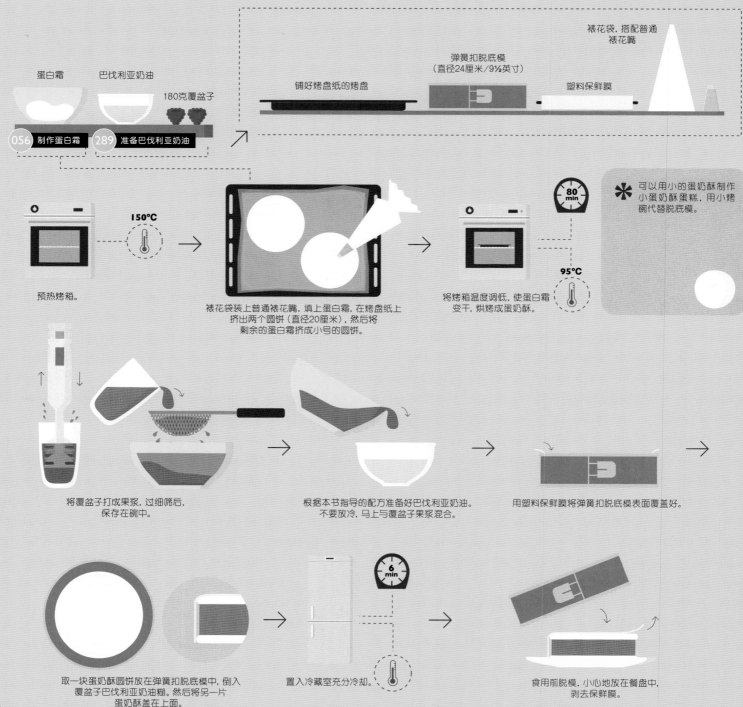

蛋白霜 巴伐利亚奶油

180克覆盆子

056 制作蛋白霜 289 准备巴伐利亚奶油

铺好烤盘纸的烤盘

弹簧扣脱底模
（直径24厘米/9½英寸）

塑料保鲜膜

裱花袋，搭配普通
裱花嘴

150℃

80 min

95℃

✱ 可以用小的蛋奶酥制作
小蛋奶酥蛋糕，用小烤
碗代替脱底模。

预热烤箱。

裱花袋装上普通裱花嘴，填上蛋白霜，在烤盘纸上
挤出两个圆饼（直径20厘米），然后将
剩余的蛋白霜挤成小号的圆饼。

将烤箱温度调低，使蛋白霜
变干，烘烤成蛋奶酥。

将覆盆子打成果浆，过细筛后，
保存在碗中。

根据本书指导的配方准备好巴伐利亚奶油。
不要放冷，马上与覆盆子果浆混合。

用塑料保鲜膜将弹簧扣脱底模表面覆盖好。

6 min

取一块蛋奶酥圆饼放在弹簧扣脱底模中，倒入
覆盆子巴伐利亚奶油糊。然后将另一片
蛋奶酥盖在上面。

置入冷藏室充分冷却。

食用前脱模，小心地放在餐盘中，
剥去保鲜膜。

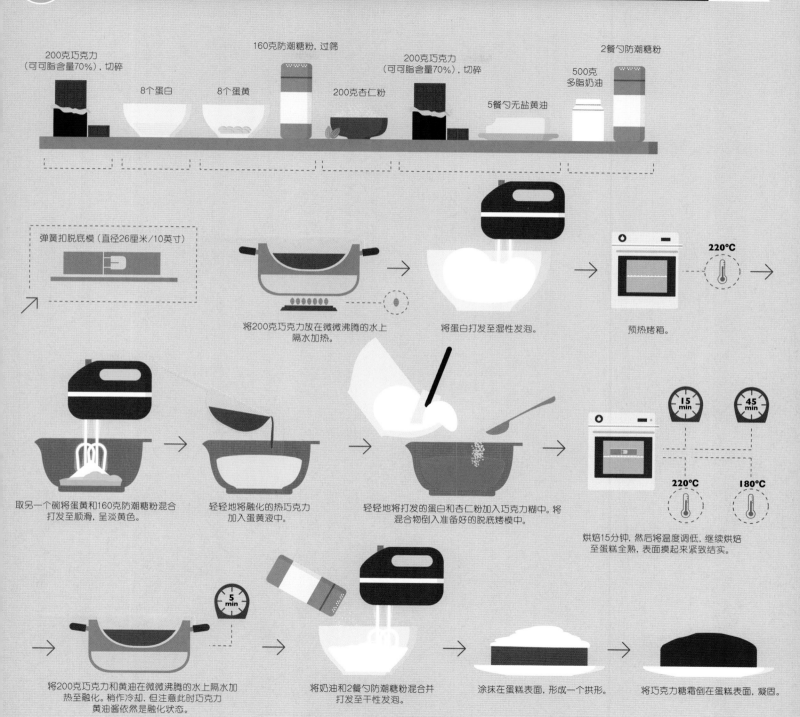

200克巧克力（可可脂含量70%），切碎

8个蛋白

8个蛋黄

160克防潮糖粉，过筛

200克杏仁粉

200克巧克力（可可脂含量70%），切碎

5餐勺无盐黄油

500克多脂奶油

2餐勺防潮糖粉

弹簧扣脱底模（直径26厘米/10英寸）

将200克巧克力放在微微沸腾的水上隔水加热。

将蛋白打发至湿性发泡。

预热烤箱。

220℃

取另一个碗将蛋黄和160克防潮糖粉混合打发至顺滑，呈淡黄色。

轻轻地将融化的热巧克力加入蛋黄液中。

轻轻地将打发的蛋白和杏仁粉加入巧克力糊中。将混合物倒入准备好的脱底烤模中。

15 min

45 min

220℃

180℃

烘焙15分钟，然后将温度调低，继续烘焙至蛋糕全熟，表面摸起来紧致结实。

5 min

将200克巧克力和黄油在微微沸腾的水上隔水加热至融化。稍作冷却，但注意此时巧克力黄油酱依然是融化状态。

将奶油和2餐勺防潮糖粉混合并打发至干性发泡。

涂抹在蛋糕表面，形成一个拱形。

将巧克力糖霜倒在蛋糕表面，凝固。

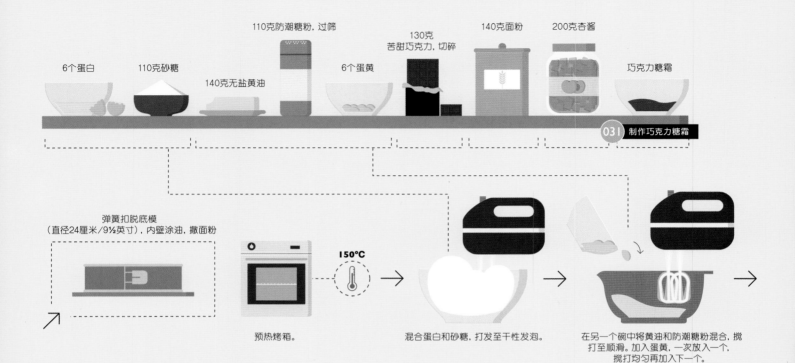

110克防潮糖粉, 过筛

130克
苦甜巧克力, 切碎

140克面粉

200克杏酱

6个蛋白　110克砂糖　140克无盐黄油　6个蛋黄　巧克力糖霜

031 制作巧克力糖霜

弹簧扣脱底模
（直径24厘米/9½英寸），内壁涂油，撒面粉

150℃

预热烤箱。

混合蛋白和砂糖, 打发至干性发泡。

在另一个碗中将黄油和防潮糖粉混合, 搅打至顺滑。加入蛋黄, 一次放入一个, 搅打均匀再加入下一个。

用微微沸腾的水隔水加热巧克力, 使其融化。

小心地将融化的巧克力和蛋黄液搅拌在一起。

小心地将三分之一的蛋白和三分之一的面粉加入巧克力糊中, 搅拌均匀。重复2次, 得到搅拌均匀的混合物。

将混合物倒入准备好的弹簧扣脱底模中。

烘焙至蛋糕摸起来有弹性。

在烤模中冷却。

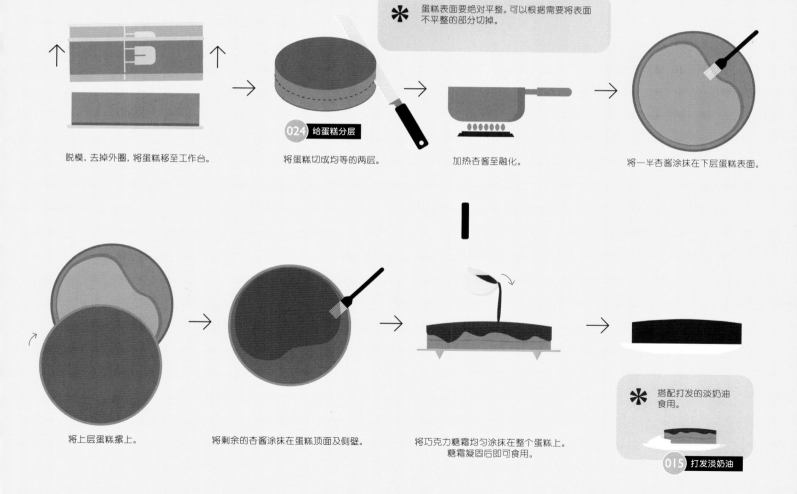

脱模, 去掉外圈, 将蛋糕移至工作台。

024 给蛋糕分层

将蛋糕切成均等的两层。

❋ 蛋糕表面要绝对平整。可以根据需要将表面不平整的部分切掉。

加热杏酱至融化。

将一半杏酱涂抹在下层蛋糕表面。

将上层蛋糕摆上。

将剩余的杏酱涂抹在蛋糕顶面及侧壁。

将巧克力糖霜均匀涂抹在整个蛋糕上。糖霜凝固后即可食用。

❋ 搭配打发的淡奶油食用。

015 打发淡奶油

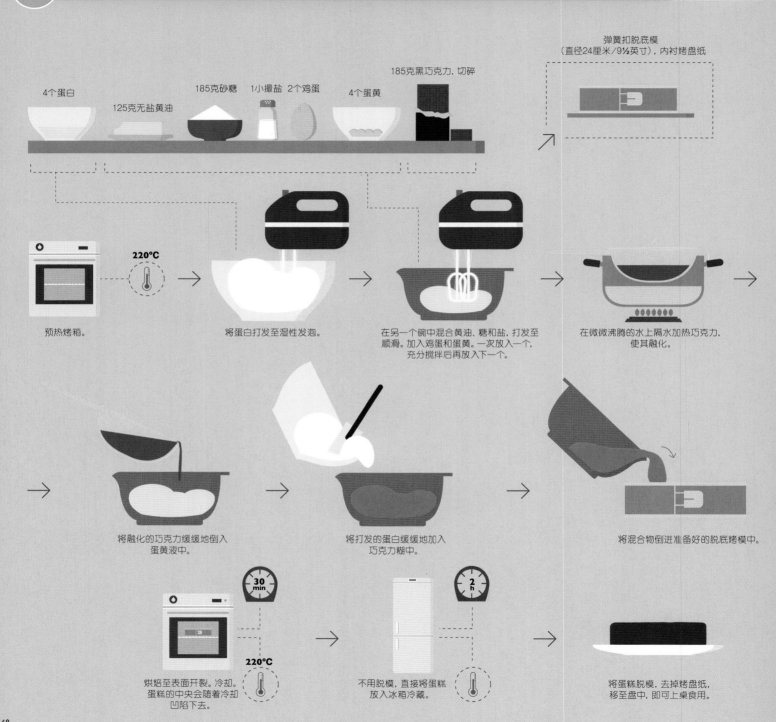

4个蛋白

125克无盐黄油

185克砂糖　1小撮盐　2个鸡蛋

4个蛋黄

185克黑巧克力, 切碎

弹簧扣脱底模
(直径24厘米/9½英寸), 内衬烤盘纸

预热烤箱。

220°C

将蛋白打发至湿性发泡。

在另一个碗中混合黄油、糖和盐, 打发至顺滑。加入鸡蛋和蛋黄。一次放入一个, 充分搅拌后再放入下一个。

在微微沸腾的水上隔水加热巧克力, 使其融化。

将融化的巧克力缓缓地倒入蛋黄液中。

将打发的蛋白缓缓地加入巧克力糊中。

将混合物倒进准备好的脱底烤模中。

30 min

220°C

烘焙至表面开裂。冷却。蛋糕的中央会随着冷却凹陷下去。

2 h

不用脱模, 直接将蛋糕放入冰箱冷藏。

将蛋糕脱模, 去掉烤盘纸, 移至盘中, 即可上桌食用。

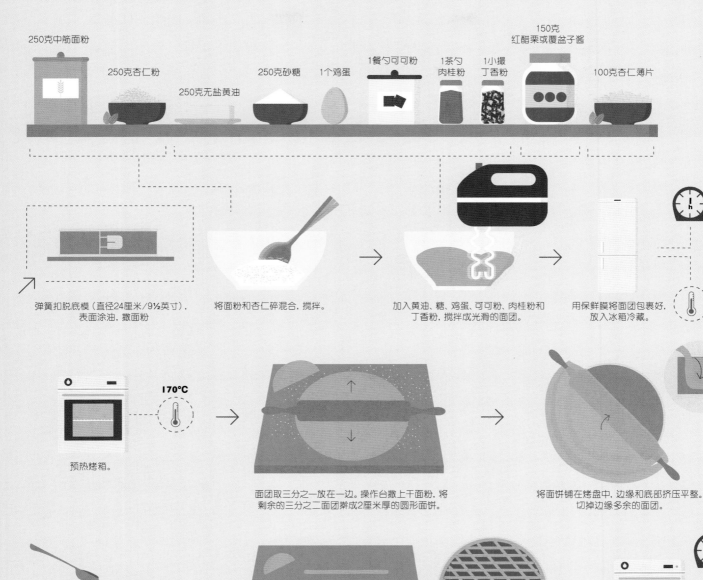

250克中筋面粉

250克杏仁粉

250克无盐黄油

250克砂糖

1个鸡蛋

1餐勺可可粉

1茶勺肉桂粉

1小撮丁香粉

150克红醋栗或覆盆子酱

100克杏仁薄片

弹簧扣脱底模（直径24厘米/9½英寸），表面涂油，撒面粉

将面粉和杏仁碎混合，搅拌。

加入黄油、糖、鸡蛋、可可粉、肉桂粉和丁香粉，搅拌成光滑的面团。

用保鲜膜将面团包裹好，放入冰箱冷藏。

170℃

预热烤箱。

面团取三分之一放在一边。操作台撒上干面粉，将剩余的三分之二面团擀成2厘米厚的圆形面饼。

将面饼铺在烤盘中，边缘和底部挤压平整。切掉边缘多余的面团。

将果酱涂抹在面饼上。

将剩余的面团压成1厘米厚的条形。应该可以做出16～20根。用这些面条在蛋糕表面编织出花纹。

45 min

170℃

在蛋糕表面撒上杏仁片，放入烤箱烘焙至呈金棕色。

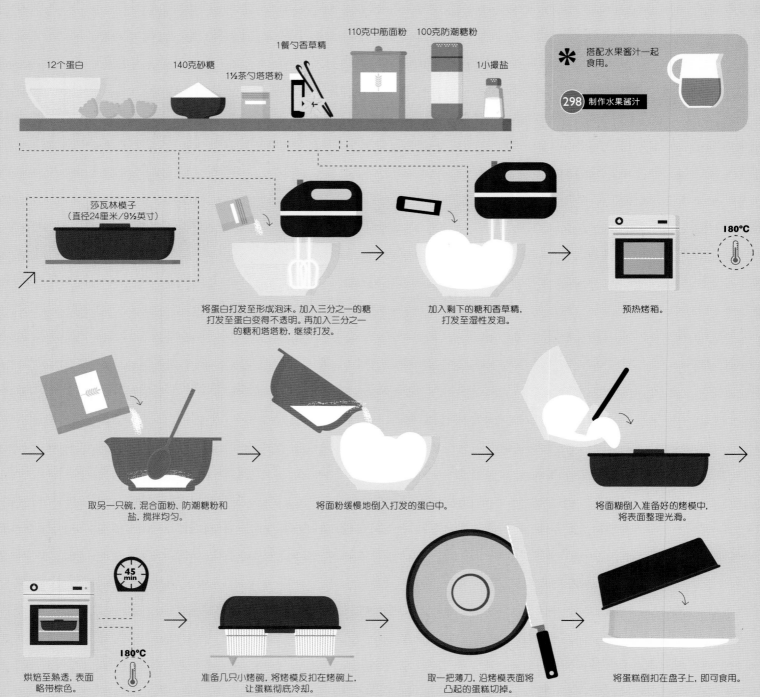

12个蛋白　140克砂糖　1½茶勺塔塔粉　1餐勺香草精　110克中筋面粉　100克防潮糖粉　1小撮盐

搭配水果酱汁一起食用。

298 制作水果酱汁

莎瓦林模子
（直径24厘米/9½英寸）

将蛋白打发至形成泡沫。加入三分之一的糖打发至蛋白变得不透明。再加入三分之一的糖和塔塔粉，继续打发。

加入剩下的糖和香草精，打发至湿性发泡。

预热烤箱。

180℃

取另一只碗，混合面粉、防潮糖粉和盐，搅拌均匀。

将面粉缓慢地倒入打发的蛋白中。

将面糊倒入准备好的烤模中，将表面整理光滑。

烘焙至熟透，表面略带棕色。

180℃

45 min

准备几只小烤碗，将烤模反扣在烤碗上，让蛋糕彻底冷却。

取一把薄刀，沿烤模表面将凸起的蛋糕切掉。

将蛋糕倒扣在盘子上，即可食用。

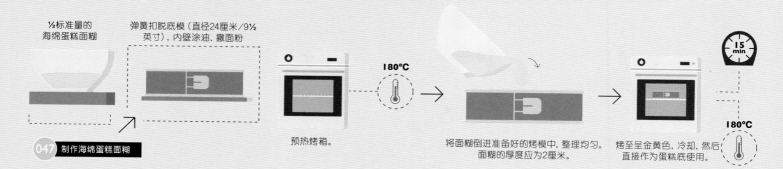

½标准量的
海绵蛋糕面糊

弹簧扣脱底模（直径24厘米/9½
英寸），内壁涂油，撒面粉

047 制作海绵蛋糕面糊

180°C

预热烤箱。

将面糊倒进准备好的烤模中，整理均匀。
面糊的厚度应为2厘米。

15 min

180°C

烤至呈金黄色，冷却，然后
直接作为蛋糕底使用。

---

077 制作浆果蛋糕
make berry-topped cake

½标准量的
奶油馅

400克
混合浆果

150克打发的淡奶油

292 制作奶油馅

015 打发淡奶油

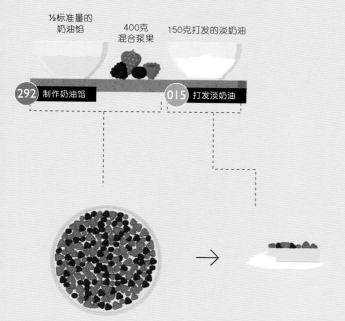

取出预先准备好的海绵蛋糕底，将奶油馅
涂抹在冷却的蛋糕表面，然后在
顶部撒上混合浆果。

搭配打发的淡奶油食用。

---

078 制作蜜桃巧克力蛋糕
make peach chocolate cake

巧克力黄油酱

4个蜜桃，
去核，去皮，切片

2餐勺
柠檬汁

291 制作巧克力黄油酱

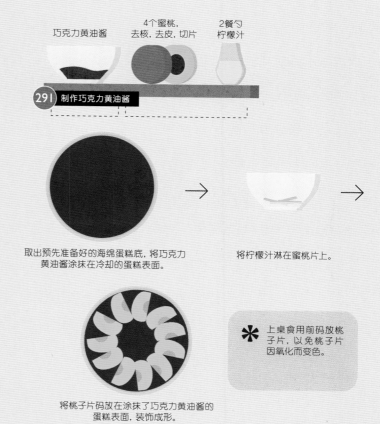

取出预先准备好的海绵蛋糕底，将巧克力
黄油酱涂抹在冷却的蛋糕表面。

将柠檬汁淋在蜜桃片上。

将桃子片码放在涂抹了巧克力黄油酱的
蛋糕表面，装饰成形。

✳ 上桌食用前码放桃
子片，以免桃子片
因氧化而变色。

71

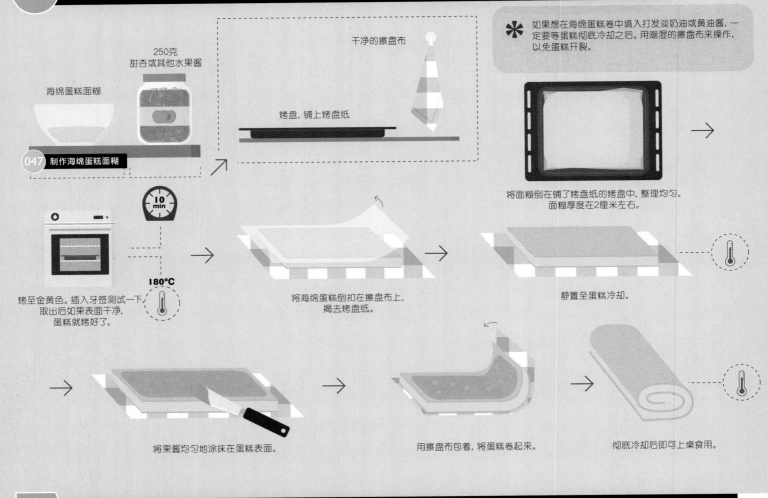

如果想在海绵蛋糕卷中填入打发淡奶油或黄油酱，一定要等蛋糕彻底冷却之后。用潮湿的擦盘布来操作，以免蛋糕开裂。

干净的擦盘布

250克
甜杏或其他水果酱

海绵蛋糕面糊

047 制作海绵蛋糕面糊

烤盘, 铺上烤盘纸

将面糊倒在铺了烤盘纸的烤盘中, 整理均匀。面糊厚度在2厘米左右。

10 min

180℃

烤至金黄色。插入牙签测试一下, 取出后如果表面干净, 蛋糕就烤好了。

将海绵蛋糕倒扣在擦盘布上, 揭去烤盘纸。

静置至蛋糕冷却。

将果酱均匀地涂抹在蛋糕表面。

用擦盘布包着, 将蛋糕卷起来。

彻底冷却后即可上桌食用。

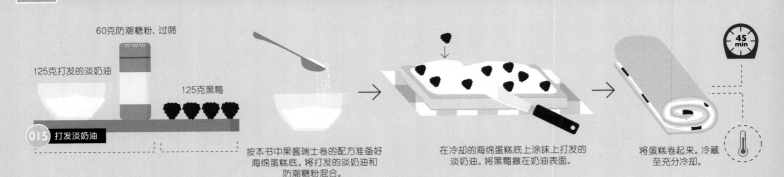

60克防潮糖粉, 过筛

125克打发的淡奶油

125克黑莓

015 打发淡奶油

按本书中果酱瑞士卷的配方准备好海绵蛋糕底。将打发的淡奶油和防潮糖粉混合。

在冷却的海绵蛋糕底上涂抹上打发的淡奶油。将黑莓撒在奶油表面。

45 min

将蛋糕卷起来。冷藏至充分冷却。

60克
防潮糖粉，过筛

125克
打发的淡奶油

200克
草莓，去梗，每颗切成4块

015 打发淡奶油

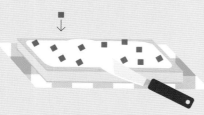

按黑莓瑞士卷的配方进行操作，
用草莓代替黑莓。

125毫升
水果酱汁（覆盆子、草莓、蜜桃等）

125克打发的淡奶油

015 打发淡奶油　298 制作水果酱汁

将打发的淡奶油和
水果酱汁混合。

15 min

按制作果酱瑞士卷的方法准备好海绵蛋糕底。
待蛋糕冷却后将水果酱奶油涂抹在表面。
卷成卷状后，冷藏至充分冷却。

083 制作咖啡奶油瑞士卷 make coffee cream roulade

4餐勺
浓缩意式咖啡

2餐勺糖

巧克力黄油酱

291 制作巧克力黄油酱

＊ 可以用咖啡豆来装饰蛋糕。

锅中放入2餐勺意式咖啡、糖和3餐勺水，
煮开，熬至糖完全溶解，做成咖啡糖浆。

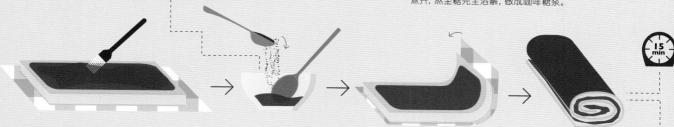

15 min

按制作果酱瑞士卷的方法准备
好海绵蛋糕底。将咖啡糖浆涂
抹在蛋糕表面。

将剩余的2餐勺意式咖啡
加在巧克力黄油酱中增加
风味，做成咖啡奶油。

将一半咖啡奶油涂抹在
海绵蛋糕表面，然后卷
成圆木形。

将剩余的咖啡奶油涂
抹在蛋糕卷表面。冷
藏至充分冷却。

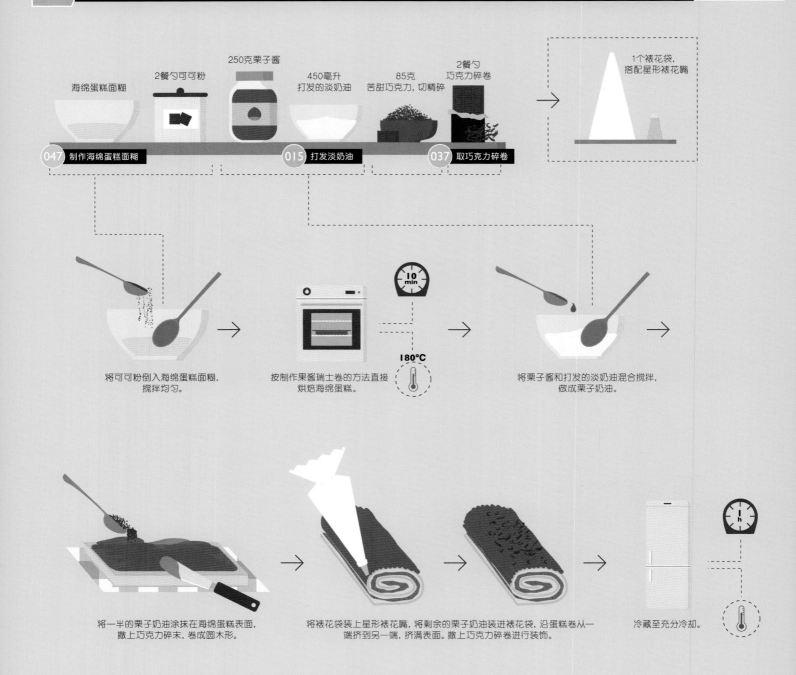

海绵蛋糕面糊

2餐勺可可粉

250克栗子酱

450毫升
打发的淡奶油

85克
苦甜巧克力,切精碎

2餐勺
巧克力碎卷

1个裱花袋,
搭配星形裱花嘴

047 制作海绵蛋糕面糊

015 打发淡奶油

037 取巧克力碎卷

将可可粉倒入海绵蛋糕面糊,
搅拌均匀。

按制作果酱瑞士卷的方法直接
烘焙海绵蛋糕。

将栗子酱和打发的淡奶油混合搅拌,
做成栗子奶油。

将一半的栗子奶油涂抹在海绵蛋糕表面,
撒上巧克力碎末,卷成圆木形。

将裱花袋装上星形裱花嘴,将剩余的栗子奶油装进裱花袋,沿蛋糕卷从一
端挤到另一端,挤满表面。撒上巧克力碎卷进行装饰。

冷藏至充分冷却。

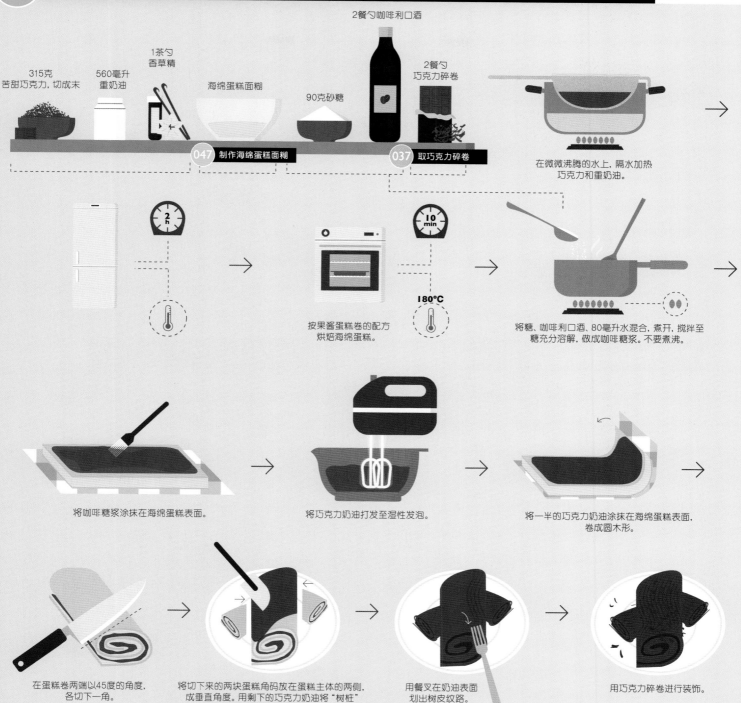

2餐勺咖啡利口酒

1茶勺
香草精

315克
苦甜巧克力,切成末

560毫升
重奶油

海绵蛋糕面糊

90克砂糖

2餐勺
巧克力碎卷

047 制作海绵蛋糕面糊

037 取巧克力碎卷

在微微沸腾的水上,隔水加热
巧克力和重奶油。

2 h

10 min

180°C

按果酱蛋糕卷的配方
烘焙海绵蛋糕。

将糖、咖啡利口酒、80毫升水混合,煮开,搅拌至
糖充分溶解,做成咖啡糖浆。不要煮沸。

将咖啡糖浆涂抹在海绵蛋糕表面。

将巧克力奶油打发至湿性发泡。

将一半的巧克力奶油涂抹在海绵蛋糕表面,
卷成圆木形。

在蛋糕卷两端以45度的角度,
各切下一角。

将切下来的两块蛋糕角码放在蛋糕主体的两侧,
成垂直角度。用剩下的巧克力奶油将"树桩"
和两块蛋糕角涂满。

用餐叉在奶油表面
划出树皮纹路。

用巧克力碎卷进行装饰。

200克
苦甜巧克力, 切碎

200克无盐黄油

150克砂糖

300克杏仁粉

1餐勺
香草糖

5个鸡蛋

021 制作香草糖

弹簧扣脱底烤模
(直径24厘米/9½英寸), 内壁涂油

180℃

预热烤箱。

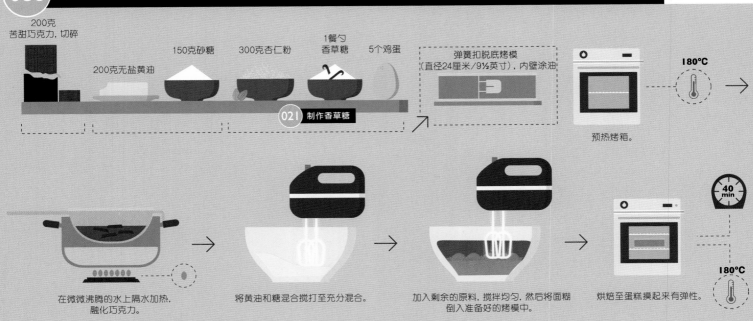

在微微沸腾的水上隔水加热,
融化巧克力。

将黄油和糖混合搅打至充分混合。

加入剩余的原料, 搅拌均匀, 然后将面糊
倒入准备好的烤模中。

烘焙至蛋糕摸起来有弹性。

40 min

180℃

300克面粉

115克糖蜜

250毫升
牛奶

½餐勺
小苏打

2个鸡蛋

125克无盐黄油

250克红糖

1餐勺姜, 研碎

1餐勺
肉桂粉

2餐勺
发酵粉

吐司盒 (21.5×11.5厘米/
8½×4½英寸), 涂油

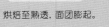

预热烤箱。

180℃

将黄油、糖和鸡蛋混合,
搅拌至顺滑。

加入剩余的原料, 搅拌均匀, 然后将
面糊倒入准备好的吐司盒中。

烘焙至熟透, 面团膨起。

30 min

180℃

155克面粉

1茶勺
发酵粉

½餐勺
肉桂粉

2个鸡蛋　250克砂糖

4餐勺
柠檬汁

125毫升
葵花子油

1根中等大小的胡萝卜
(90克)，擦成丝

60克碎核桃仁

弹簧扣脱底烤模
（直径24厘米/9½英寸），内壁涂油

180℃

预热烤箱。

将面粉、发酵粉和肉桂粉
混合均匀。

在另一个碗中将鸡蛋和
糖搅拌均匀。

加入柠檬汁和油，
搅拌均匀。

✱　表面涂上皇家蛋白糖霜。

305 制作皇家蛋白糖霜

45 min

180℃

边搅拌边将面粉倒入蛋液中，然后继续搅拌，
加入胡萝卜丝和核桃仁。

倒入已经涂好油的烤模中。

烘焙至呈金黄色。彻底冷却。食用前脱模，
去掉外圈，盛在盘子中。

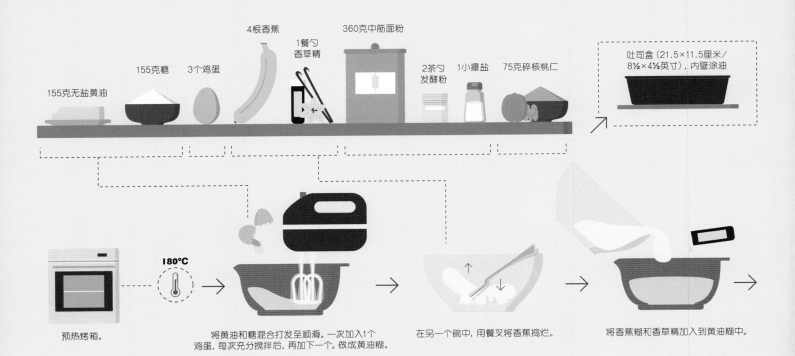

155克无盐黄油

155克糖

3个鸡蛋

4根香蕉

1餐勺香草精

360克中筋面粉

2茶勺发酵粉

1小撮盐

75克碎核桃仁

吐司盒（21.5×11.5厘米／8½×4½英寸），内壁涂油

预热烤箱。

180℃

将黄油和糖混合打发至顺滑。一次加入1个鸡蛋，每次充分搅拌后，再下一个。做成黄油糊。

在另一个碗中，用餐叉将香蕉捣烂。

将香蕉糊和香草精加入到黄油糊中。

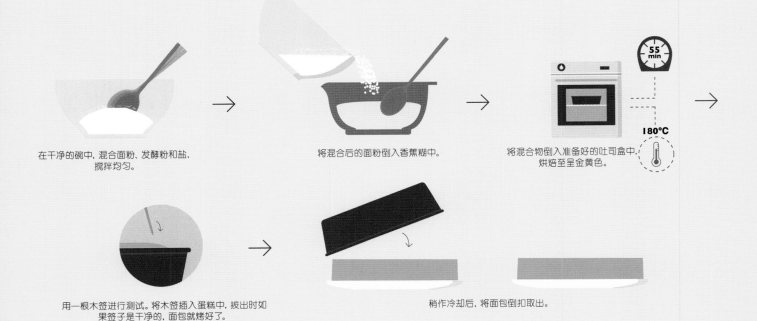

在干净的碗中，混合面粉、发酵粉和盐，搅拌均匀。

将混合后的面粉倒入香蕉糊中。

将混合物倒入准备好的吐司盒中，烘焙至呈金黄色。

55 min

180℃

用一根木签进行测试。将木签插入蛋糕中，拔出时如果签子是干净的，面包就烤好了。

稍作冷却后，将面包倒扣取出。

185克无盐黄油

220克砂糖

1茶勺香草精

½茶勺杏仁精

2个鸡蛋

½茶勺发酵粉

205克面粉

1小撮盐

125克酸奶油

吐司盒(21.5×11.5厘米/8½×4½英寸),涂油

预热烤箱。

180°C

将黄油、糖、香草精和杏仁精混合,搅拌至顺滑,制成黄油糊。

一次加入1个鸡蛋,充分搅拌后再加入第二个鸡蛋,充分搅打。

另取一个碗,将面粉、发酵粉和盐混合。

边搅拌边将一半面粉加入黄油糊中。

将酸奶油和剩余面粉倒入黄油面粉混合物中搅拌均匀。

将混合物倒入预先准备好的吐司盒中,烘焙至呈金黄色。

70 min

180°C

用一根木签进行测试。将木签插入蛋糕中,拔出时如果签子是干净的,面包就烤好了。

稍作冷却后,将面包倒扣取出。

091 制作罂粟籽重磅蛋糕
make poppy seed pound cake

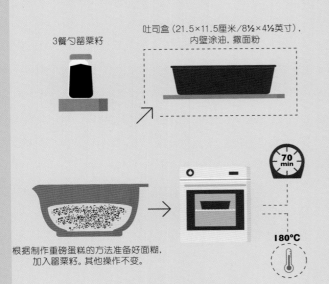

3餐勺罂粟籽

吐司盒（21.5×11.5厘米/8½×4½英寸），内壁涂油，撒面粉

70 min

180℃

根据制作重磅蛋糕的方法准备好面糊，加入罂粟籽。其他操作不变。

092 制作柠檬重磅蛋糕
make lemon pound cake

2餐勺柠檬汁　1餐勺柠檬皮碎屑

吐司盒（21.5×11.5厘米/8½×4½英寸），内壁涂油，撒面粉

70 min

180℃

根据制作重磅蛋糕的方法准备好面糊，加入柠檬汁和柠檬皮碎屑。其他操作不变。

093 制作咖啡重磅蛋糕
make espresso pound cake

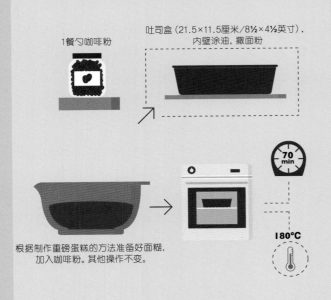

1餐勺咖啡粉

吐司盒（21.5×11.5厘米/8½×4½英寸），内壁涂油，撒面粉

70 min

180℃

根据制作重磅蛋糕的方法准备好面糊，加入咖啡粉。其他操作不变。

094 制作椰香重磅蛋糕环
make coconut pound cake ring

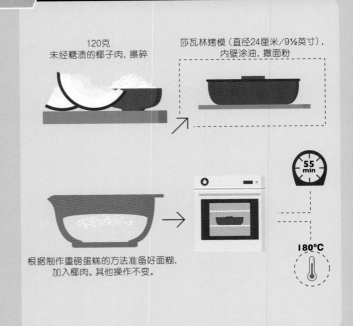

120克
未经糖渍的椰子肉，擦碎

莎瓦林烤模（直径24厘米/9½英寸），内壁涂油，撒面粉

55 min

180℃

根据制作重磅蛋糕的方法准备好面糊，加入椰肉。其他操作不变。

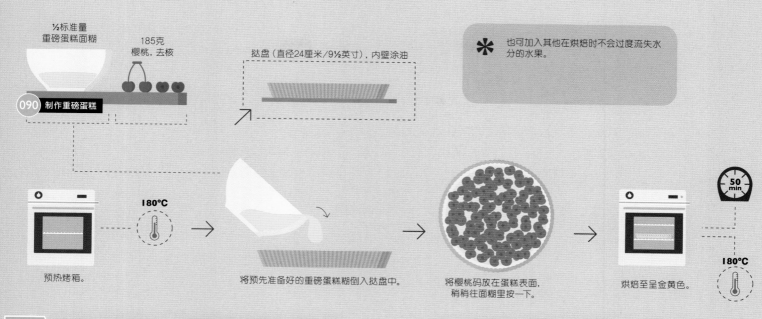

½标准量
重磅蛋糕面糊

185克
樱桃，去核

拢盘（直径24厘米/9½英寸），内壁涂油

090 制作重磅蛋糕

✳ 也可加入其他在烘焙时不会过度流失水
分的水果。

180℃

预热烤箱。

将预先准备好的重磅蛋糕糊倒入拢盘中。

将樱桃码放在蛋糕表面，
稍稍往面糊里按一下。

烘焙至呈金黄色。

50 min

180℃

½标准量
重磅蛋糕面糊

185克黑莓

090 制作重磅蛋糕

50 min

180℃

按樱桃重磅蛋糕的配方进行操作，用黑莓代替樱桃。

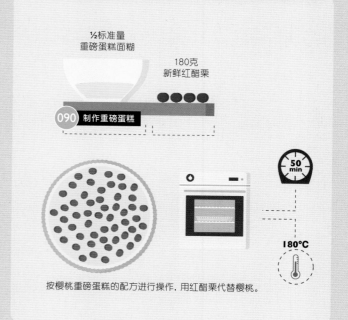

½标准量
重磅蛋糕面糊

180克
新鲜红醋栗

090 制作重磅蛋糕

50 min

180℃

按樱桃重磅蛋糕的配方进行操作，用红醋栗代替樱桃。

250克无盐黄油

200克砂糖　1小撮盐

1茶勺香草精

4个鸡蛋

510克面粉

1餐勺发酵粉

125毫升牛奶

185克葡萄干

2餐勺防潮糖粉

环形蛋糕模（直径24厘米/9½英寸），内壁涂油

180℃

预热烤箱。

将黄油、砂糖、盐和香草精混合，搅拌至顺滑。一次加入1个鸡蛋，每次搅拌均匀后再放下一个。

将面粉、发酵粉和牛奶加入混合物中，搅拌均匀。

放入葡萄干，混合均匀。

将混合物倒入准备好的烤模中。

烘焙至呈金黄色。

60 min　180℃

稍作冷却后，倒扣在盘子中取出。

撒上防潮糖粉后即可食用。

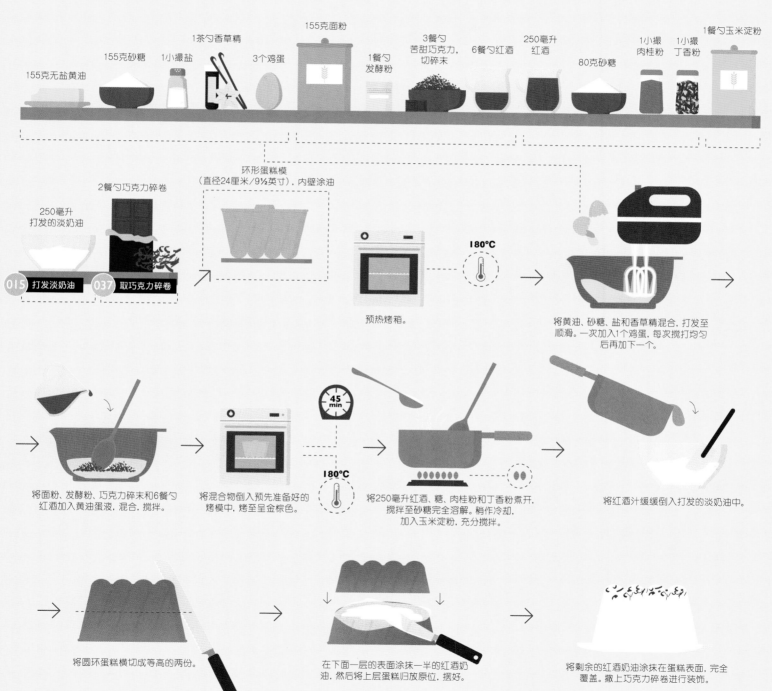

155克无盐黄油　155克砂糖　1小撮盐　1茶勺香草精　3个鸡蛋　155克面粉　1餐勺发酵粉　3餐勺苦甜巧克力，切碎末　6餐勺红酒　250毫升红酒　80克砂糖　1小撮肉桂粉　1小撮丁香粉　1餐勺玉米淀粉

2餐勺巧克力碎卷

250毫升打发的淡奶油

015 打发淡奶油　**037** 取巧克力碎卷

环形蛋糕模（直径24厘米/9½英寸），内壁涂油

180℃

预热烤箱。

将黄油、砂糖、盐和香草精混合，打发至顺滑。一次加入1个鸡蛋，每次搅打均匀后再加下一个。

将面粉、发酵粉、巧克力碎末和6餐勺红酒加入黄油蛋液，混合，搅拌。

180℃　**45 min**

将混合物倒入预先准备好的烤模中，烤至呈金棕色。

将250毫升红酒、糖、肉桂粉和丁香粉煮开，搅拌至砂糖完全溶解。稍作冷却，加入玉米淀粉，充分搅拌。

将红酒汁缓缓倒入打发的淡奶油中。

将圆环蛋糕横切成等高的两份。

在下面一层的表面涂抹一半的红酒奶油，然后将上层蛋糕归放原位，摆好。

将剩余的红酒奶油涂抹在蛋糕表面，完全覆盖。撒上巧克力碎卷进行装饰。

黄油蛋糕面糊　1餐勺可可粉

吐司盒（21.5×11.5厘米/8½×4½英寸），内壁涂油

180℃

045 准备黄油蛋糕面糊

预热烤箱。

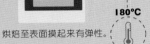

将面团分在两个碗中。其中一份面团里加入可可粉。

将深浅两色面糊交替倒进烤模里。重复操作。用餐刀在面糊中划出大理石纹。

30 min
180℃

烘焙至表面摸起来有弹性。

稍作冷却，然后反扣在盘子里取出，即可食用。

205克面粉

220克砂糖　3餐勺可可粉　2个鸡蛋　125克酸奶油　1茶勺发酵粉

185克无盐黄油

吐司盒（21.5×11.5厘米/8½×4½英寸），涂油，撒面粉

180℃

预热烤箱。

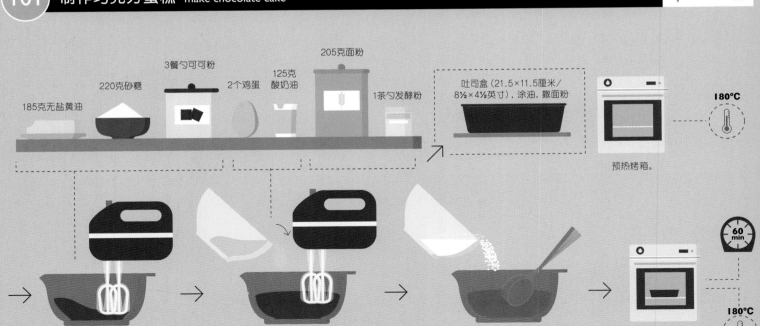

60 min
180℃

将黄油、砂糖和可可粉混合，搅拌至顺滑。

混合打发鸡蛋和酸奶油，之后将混合蛋液缓缓加入黄油糊中，打发至充分混合。

加入面粉和发酵粉，搅拌均匀。将面糊倒入准备好的烤模中。

烘焙至蛋糕摸起来有弹性。稍作冷却，倒扣在盘子中取出，即可食用。

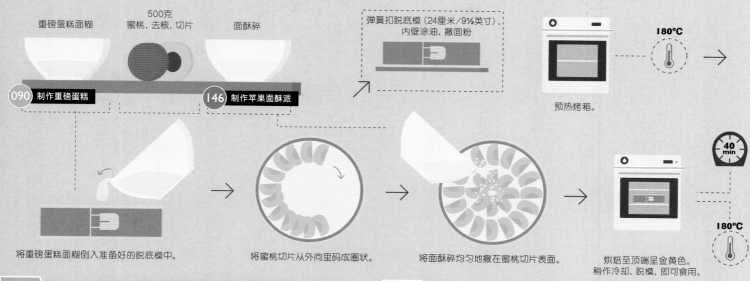

重磅蛋糕面糊

500克
蜜桃,去核,切片

面酥碎

弹簧扣脱底模(24厘米/9½英寸),
内壁涂油,撒面粉

180℃

预热烤箱。

090 制作重磅蛋糕

146 制作苹果面酥派

40 min

180℃

将重磅蛋糕面糊倒入准备好的脱底模中。

将蜜桃切片从外向里码成圈状。

将面酥碎均匀地撒在蜜桃切片表面。

烘焙至顶端呈金黄色。
稍作冷却,脱模,即可食用。

103 制作甜杏面酥咖啡蛋糕
make apricot streusel coffee cake

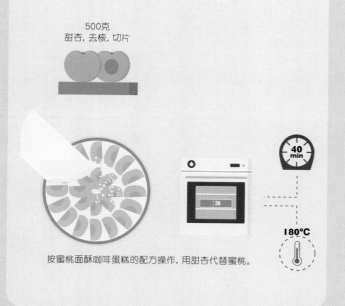

500克
甜杏,去核,切片

40 min

180℃

按蜜桃面酥咖啡蛋糕的配方操作,用甜杏代替蜜桃。

104 制作甜李子面酥咖啡蛋糕
make plum streusel coffee cake

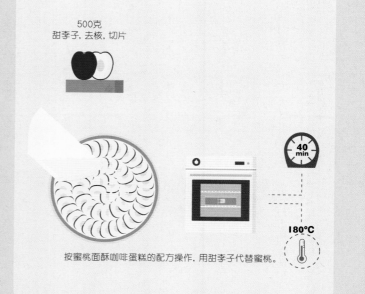

500克
甜李子,去核,切片

40 min

180℃

按蜜桃面酥咖啡蛋糕的配方操作,用甜李子代替蜜桃。

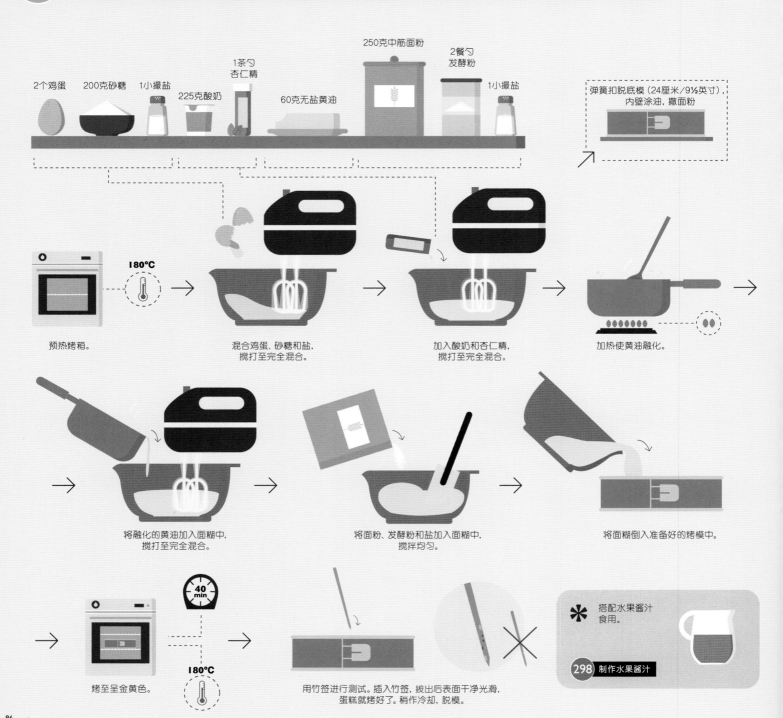

2个鸡蛋　200克砂糖　1小撮盐　225克酸奶　1茶勺杏仁精　60克无盐黄油　250克中筋面粉　2餐勺发酵粉　1小撮盐

弹簧扣脱底模（24厘米/9½英寸），内壁涂油，撒面粉

预热烤箱。

180℃

混合鸡蛋、砂糖和盐，搅打至完全混合。

加入酸奶和杏仁精，搅打至完全混合。

加热使黄油融化。

将融化的黄油加入面糊中，搅打至完全混合。

将面粉、发酵粉和盐加入面糊中，搅拌均匀。

将面糊倒入准备好的烤模中。

烤至呈金黄色。

40 min

180℃

用竹签进行测试。插入竹签，拔出后表面干净光滑，蛋糕就烤好了。稍作冷却，脱模。

✳ 搭配水果酱汁食用。

298 制作水果酱汁

60毫升黑朗姆酒

莎瓦林模子
（直径24厘米/9½英寸），内壁涂油

酵母面团　　100克砂糖　　　　　　150克打发的淡奶油

053 制作酵母面团　　　　015 打发淡奶油

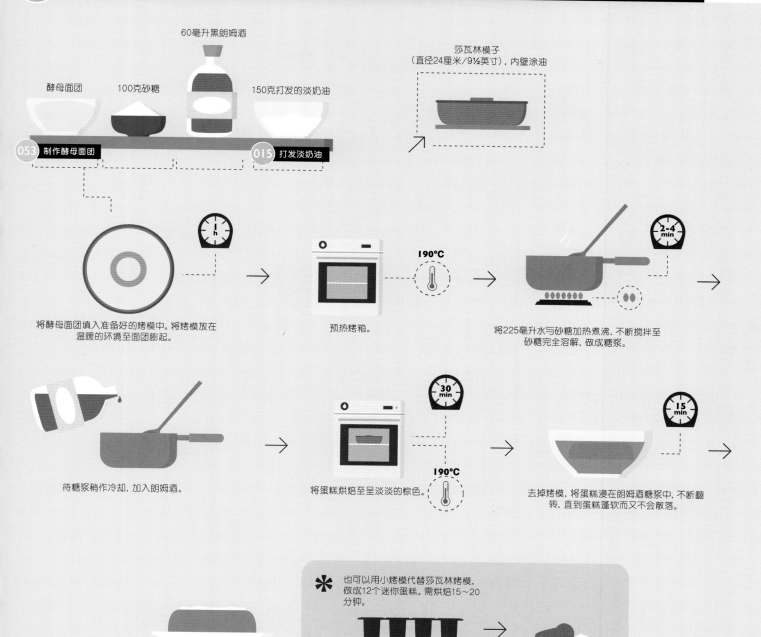

将酵母面团填入准备好的烤模中。将烤模放在
温暖的环境至面团膨起。

预热烤箱。

将225毫升水与砂糖加热煮沸，不断搅拌至
砂糖完全溶解，做成糖浆。

待糖浆稍作冷却，加入朗姆酒。

将蛋糕烘焙至呈淡淡的棕色。

去掉烤模，将蛋糕浸在朗姆酒糖浆中，不断翻
转，直到蛋糕蓬软而又不会散落。

搭配打发的淡奶油食用。

＊ 也可以用小烤模代替莎瓦林烤模。
做成12个迷你蛋糕。需烘焙15～20
分钟。

搭配香草冰淇淋食用。

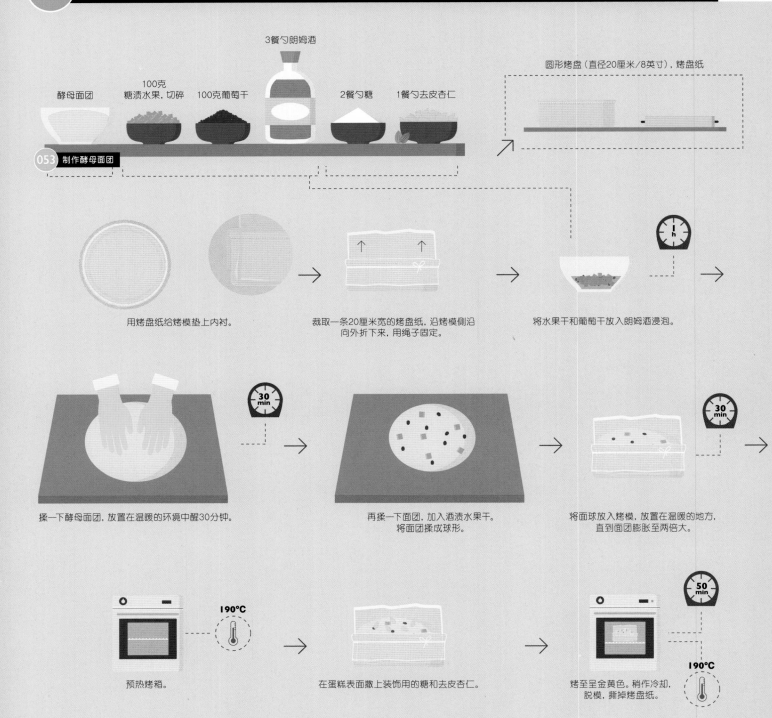

3餐勺朗姆酒

圆形烤盘（直径20厘米/8英寸），烤盘纸

酵母面团　100克糖渍水果，切碎　100克葡萄干　2餐勺糖　1餐勺去皮杏仁

053 制作酵母面团

用烤盘纸给烤模垫上内衬。

裁取一条20厘米宽的烤盘纸，沿烤模侧沿向外折下来，用绳子固定。

将水果干和葡萄干放入朗姆酒浸泡。

揉一下酵母面团，放置在温暖的环境中醒30分钟。

再揉一下面团，加入酒渍水果干。将面团揉成球形。

将面球放入烤模，放置在温暖的地方，直到面团膨胀至两倍大。

190℃
预热烤箱。

在蛋糕表面撒上装饰用的糖和去皮杏仁。

50min
190℃
烤至呈金黄色。稍作冷却，脱模，撕掉烤盘纸。

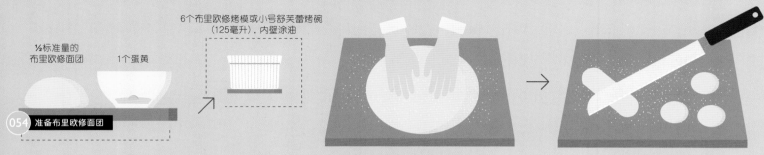

½标准量的
布里欧修面团

1个蛋黄

6个布里欧修烤模或小号舒芙蕾烤碗
（125毫升），内壁涂油

054 准备布里欧修面团

将面团在撒了面粉的操作台面上反复揉好。

将面团分成7份。

将其中6份做成球形。

将面球放在准备好的烤碗里。

每个面团中间捅一个洞。

将剩余的那个面团分成6个小的水滴形面块，分别放进其他6个面球的小洞中。

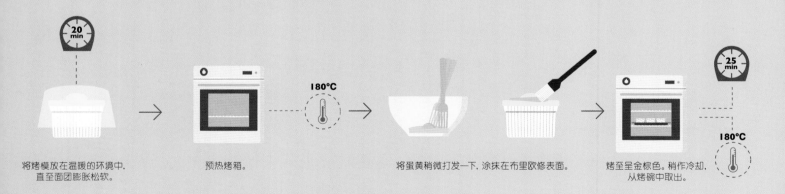

20 min

将烤模放在温暖的环境中，直至面团膨胀松软。

预热烤箱。

180℃

将蛋黄稍微打发一下，涂抹在布里欧修表面。

烤至呈金棕色。稍作冷却，从烤碗中取出。

25 min

180℃

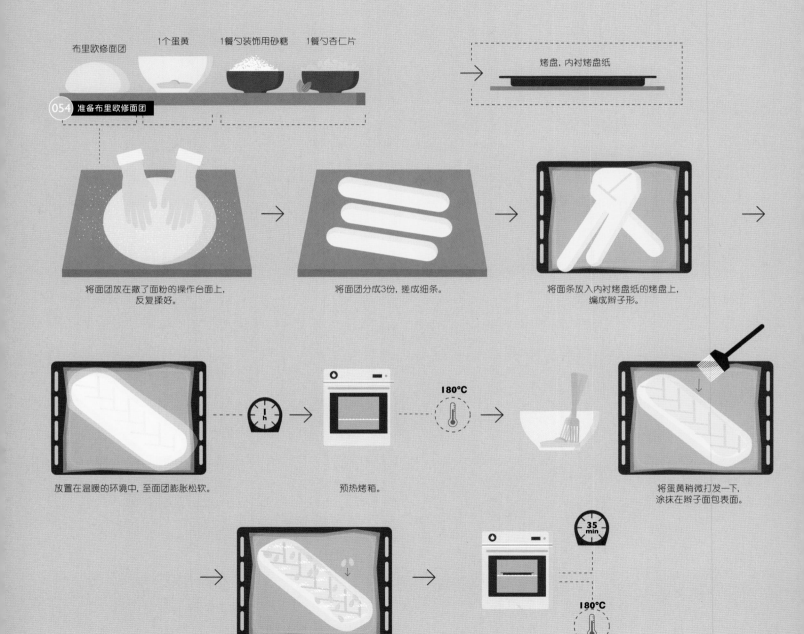

布里欧修面团　1个蛋黄　1餐勺装饰用砂糖　1餐勺杏仁片

烤盘,内衬烤盘纸

054 准备布里欧修面团

将面团放在撒了面粉的操作台面上,反复揉好。

将面团分成3份,搓成细条。

将面条放入内衬烤盘纸的烤盘上,编成辫子形。

放置在温暖的环境中,至面团膨胀松软。

预热烤箱。

180℃

将蛋黄稍微打发一下,涂抹在辫子面包表面。

将糖和杏仁片撒在表面进行装饰。

烤至呈金黄色。

35 min

180℃

戚风蛋糕面糊

046 准备戚风蛋糕面糊

烤盘，内衬烤盘纸

180°C

预热烤箱。

将面糊倒入烤盘中，整理平整。

35 min

180°C

根据所选配方，点缀配料。
烘焙至呈金黄色。

冷却后，切成方块。

---

111 制作甜杏切块蛋糕
make apricot sheet cake

30个新鲜甜杏，去核，
对切两半　　2餐勺杏仁片

在面糊上码放甜杏块，切口朝上。撒上杏仁片，
按上述方法进行烘焙。

---

112 制作樱桃切块蛋糕
make cherry sheet cake

500克
新鲜樱桃，去核　　2餐勺杏仁碎

在面糊上码放樱桃，撒上杏仁碎，
按上述方法进行烘焙。

---

113 制作草莓大黄切块蛋糕
make strawberry-rhubarb sheet cake

250克大黄片　　250克草莓，去梗，
3餐勺砂糖　　切成4块

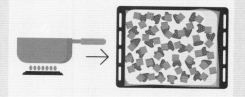

将大黄、糖放入
125毫升水煮沸，
过筛，沥干。

在面糊上码放大黄和草莓，
按上述方法进行烘焙。

酵母面团

053 制作酵母面团

烤盘,内衬烤盘纸

180℃

预热烤箱。

在撒了面粉的操作台面上反复揉制面团,
然后移至烤盘中。

将面团整理平整均匀,
完全覆盖烤盘底部。

40 min

180℃

根据配方点缀上配料,
烘焙至呈金黄色。

冷却后,切成小方块。

---

115 制作甜李子切块蛋糕
make plum sheet cake

30个甜李子,
去核,切片

将甜李子切片均匀地码放,完全覆盖面团表面。
按上述方法进行烘焙。

---

116 制作苹果切块蛋糕
make apple sheet cake

3个苹果,
去皮,去核,切片

1餐勺
柠檬汁

2餐勺糖

将苹果切片均匀地码放,完全覆盖面团表面,撒上
柠檬汁和砂糖。按上述方法进行烘焙。

---

117 制作苹果面酥切块蛋糕
make apple crumble sheet cake

3个苹果,
去皮,去核,切片

1餐勺
柠檬汁

面酥碎

146 制作苹果面酥派

将苹果切片均匀地码放,完全覆盖面团表面,撒上
柠檬汁和面酥碎。按上述方法进行烘焙。

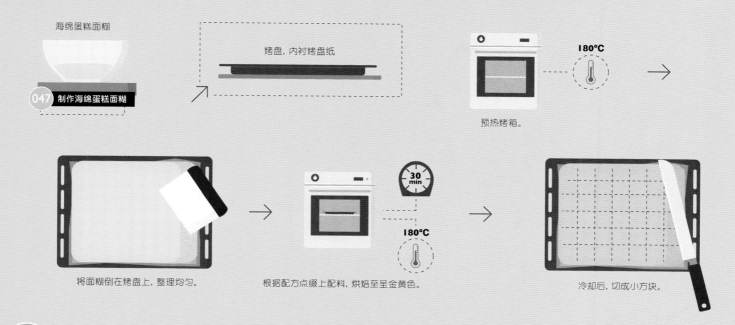

海绵蛋糕面糊

047 制作海绵蛋糕面糊

烤盘, 内衬烤盘纸

180°C

预热烤箱。

将面糊倒在烤盘上, 整理均匀。

根据配方点缀上配料, 烘焙至呈金黄色。

180°C

30 min

冷却后, 切成小方块。

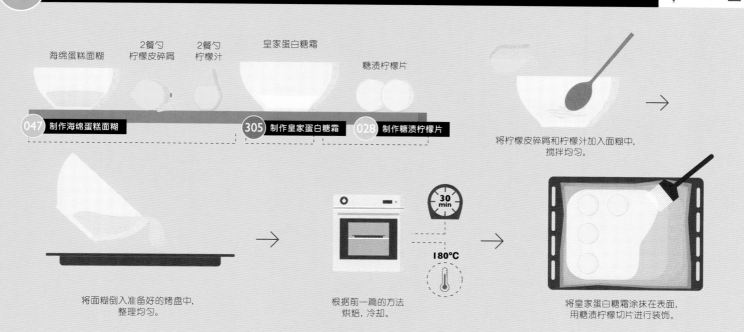

海绵蛋糕面糊

2餐勺柠檬皮碎屑

2餐勺柠檬汁

皇家蛋白糖霜

糖渍柠檬片

047 制作海绵蛋糕面糊　　**305** 制作皇家蛋白糖霜　　**028** 制作糖渍柠檬片

将柠檬皮碎屑和柠檬汁加入面糊中, 搅拌均匀。

将面糊倒入准备好的烤盘中, 整理均匀。

根据前一篇的方法烘焙, 冷却。

180°C

30 min

将皇家蛋白糖霜涂抹在表面, 用糖渍柠檬切片进行装饰。

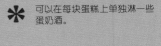

6餐勺蛋奶酒

海绵蛋糕面糊　　250克打发的淡奶油

047 制作海绵蛋糕面糊　　**015** 打发淡奶油

根据制作切块蛋糕的方法
烤制。冷却。

180℃

※ 可以在每块蛋糕上单独淋一些
蛋奶酒。

用2餐勺蛋奶酒涂抹蛋糕表面。

慢慢地将剩余的4餐勺蛋奶酒
倒入打发的淡奶油中。

将用蛋奶酒调味的淡奶油均匀
地涂抹在蛋糕表面。

4餐勺可可粉, 过筛

4餐勺
苦甜巧克力, 切碎

海绵蛋糕面糊

047 制作海绵蛋糕面糊

※ 可以淋上朗姆酒, 并且点缀上
新鲜水果。

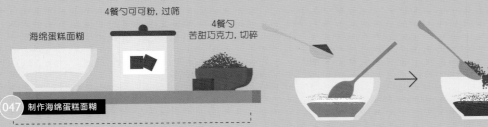

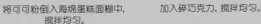

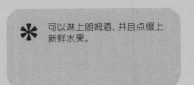

将可可粉倒入海绵蛋糕面糊中,
搅拌均匀。

加入碎巧克力, 搅拌均匀。

将面糊倒入准备好的烤盘中。

根据烤制切块蛋糕的方法进行烘焙。

冷却后切成小方块。

180℃

30 min

海绵蛋糕面糊　　　香草布丁　　　装饰用水果

(047) 制作海绵蛋糕面糊　　(310) 制作香草布丁

海绵蛋糕面糊　　　巧克力布丁　　　装饰用水果

(047) 制作海绵蛋糕面糊　　(309) 制作巧克力布丁

40 min

180℃

按前面介绍的配方准备并烘焙
好蛋糕，切块，冷却。

将香草布丁平整地倒在蛋糕体表面，
待凝固。

将巧克力布丁平整地倒在蛋糕体表面，
待凝固。

用水果装饰。

用水果装饰。

* 香草布丁与草莓、柑橘、蜜桃、覆盆子、杏仁片和松子都可以很好地搭配。

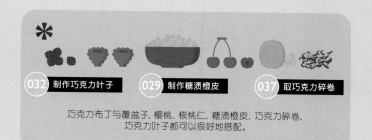

* (032) 制作巧克力叶子　　(029) 制作糖渍橙皮　　(037) 取巧克力碎卷

巧克力布丁与覆盆子、樱桃、核桃仁、糖渍橙皮、巧克力碎卷、
巧克力叶子都可以很好地搭配。

派和挞

pies and tarts

千层酥面团

750克
新鲜甜樱桃，去核

185克砂糖

3餐勺
玉米淀粉

1小撮盐

1茶勺
香草精

½茶勺
杏仁精

派盘（直径23厘米/9英寸）

049 制作千层酥面团

将面团分成两份。在撒了面粉的操作台上，
将两份面团都擀成约3毫米厚的面饼。

将一块面饼移到派盘上，将底部和侧面
按压紧致，包裹边缘。

修剪边缘，留出1厘米的富余。

将派皮和另一块面饼冷藏。

将剩余原料混合搅拌制成馅料，
放在一边。

预热烤箱。

将樱桃馅料倒进铺好面饼的派盘中。

将第二块面饼切成2厘米宽的条形。

022 编织乡村格子派

在派上编制成格子，翻折起派上预留的富余面饼
包裹编织面条的末梢，粘紧。

放入烤箱下层烘焙。将火力转小，
烘焙至呈金黄色，表面起泡。

1千克蓝莓

✳ 可以在派饼上再覆盖一整块硬面饼,来制作双层饼皮派。在顶上切四五个洞,保证烘焙过程中蒸汽能够溢出。

用蓝莓代替樱桃,其他操作同制作甜樱桃派一致。

750克新鲜的混合浆果
(覆盆子、红醋栗和草莓)

✳ 记得尝一下甜度,使用混合浆果制作的派可能需要比制作樱桃派更多的砂糖。

用混合浆果代替樱桃,其他操作同制作甜樱桃派一致。

1千克
蜜桃,去核,切片

用蜜桃代替樱桃,其他操作同制作甜樱桃派一致。

375克
草莓,去梗,切成4块

375克
大黄,切成12毫米的薄片

用大黄和草莓代替樱桃,在馅料中再额外添加60克砂糖,其他操作同制作甜樱桃派一致。

½标准量的
千层酥面团

750克
新鲜甜樱桃, 去核

½标准量的
千层酥面团

3餐勺
玉米淀粉

1茶勺
香草精

½茶勺
杏仁精

4个小烤碗
(每个容量250毫升)

049 制作千层酥面团

✳ 也可以用其他水果
来制作。

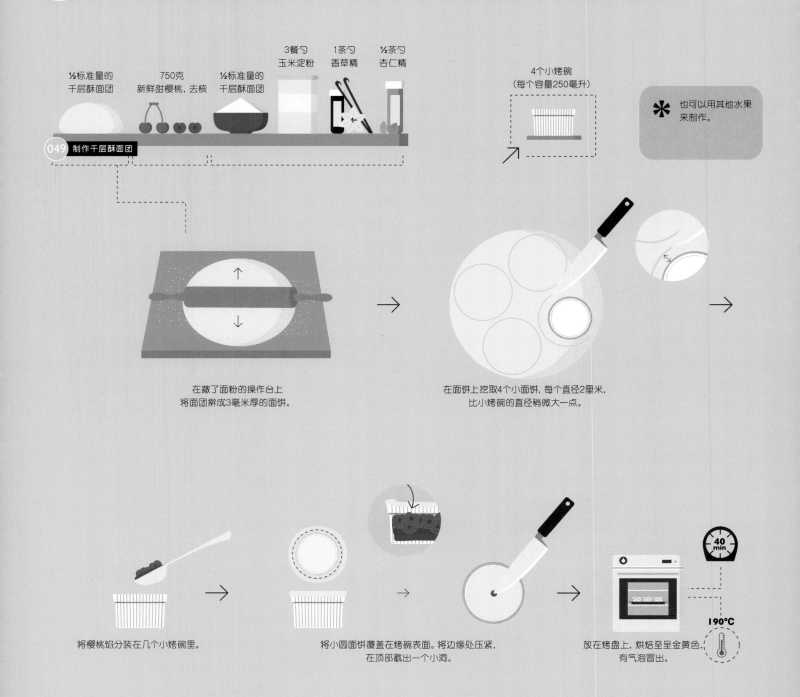

在撒了面粉的操作台上
将面团擀成3毫米厚的面饼。

在面饼上挖取4个小面饼, 每个直径2厘米,
比小烤碗的直径稍微大一点。

将樱桃馅分装在几个小烤碗里。

将小圆面饼覆盖在烤碗表面。将边缘处压紧,
在顶部戳出一个小洞。

放在烤盘上, 烘焙至呈金黄色,
有气泡冒出。

40 min

190℃

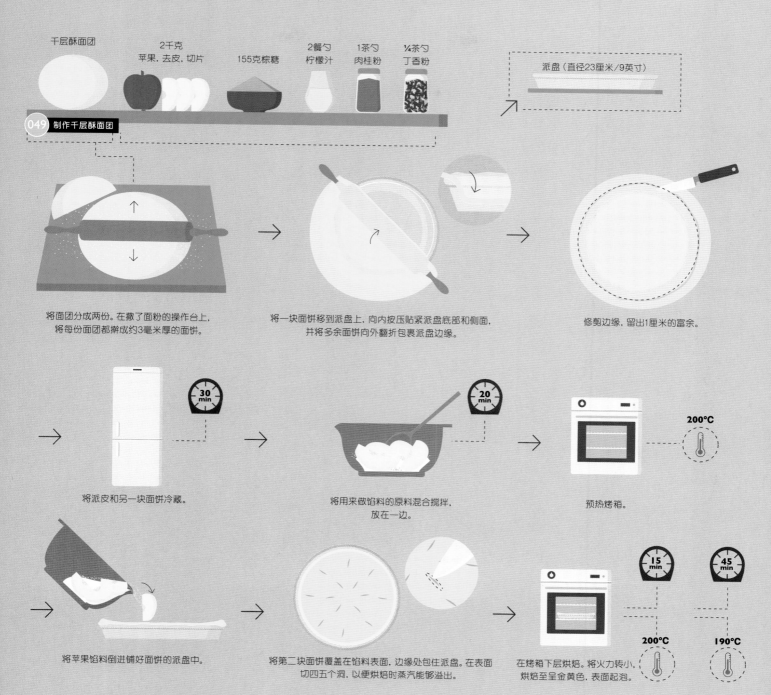

千层酥面团

2千克
苹果,去皮,切片

155克棕糖

2餐勺
柠檬汁

1茶勺
肉桂粉

¼茶勺
丁香粉

派盘（直径23厘米/9英寸）

049　制作千层酥面团

将面团分成两份。在撒了面粉的操作台上,
将每份面团都擀成约3毫米厚的面饼。

将一块面饼移到派盘上。向内按压贴紧派盘底部和侧面,
并将多余面饼向外翻折包裹派盘边缘。

修剪边缘,留出1厘米的富余。

30 min

将派皮和另一块面饼冷藏。

20 min

将用来做馅料的原料混合搅拌,
放在一边。

200°C

预热烤箱。

将苹果馅料倒进铺好面饼的派盘中。

将第二块面饼覆盖在馅料表面,边缘处包住派盘。在表面
切四五个洞,以便烘焙时蒸汽能够溢出。

15 min

45 min

200°C

190°C

在烤箱下层烘焙。将火力转小,
烘焙至呈金黄色,表面起泡。

½标准量的千层酥面团

300克甜糯南瓜
去皮、去子,切成小块

150克棕糖

2餐勺柠檬汁

1茶勺肉桂粉

¼茶勺丁香粉

1茶勺姜粉

¼茶勺精磨肉豆蔻粉

225克干豆子

2个鸡蛋

150克棕糖

375毫升重奶油

049 制作千层酥面团

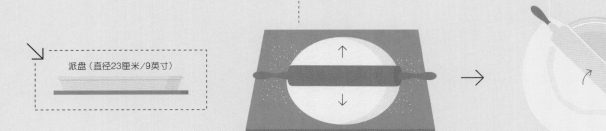

派盘(直径23厘米/9英寸)

在撒了面粉的操作台上,将面团擀成约3毫米厚的面饼。

将面饼移到派盘上,向内按压进派盘紧贴底部和侧面,并将多余面饼向外翻折包裹派盘边缘。

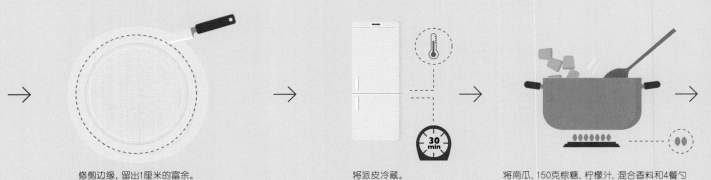

修剪边缘,留出1厘米的富余。

将派皮冷藏。

30 min

将南瓜、150克棕糖、柠檬汁、混合香料和4餐勺水混合,煮至南瓜软烂。

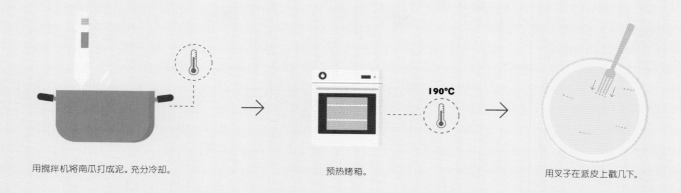

用搅拌机将南瓜打成泥。充分冷却。

预热烤箱。

用叉子在派皮上戳几下。

在派皮中衬上烤盘纸，然后放入干豆子，摆放均匀。

预烤派皮，然后去掉豆子和烤盘纸。

将鸡蛋和剩余的150克棕糖混合，搅拌至完全混合均匀。

将南瓜泥和奶油倒入蛋液中，搅拌至顺滑。

将南瓜馅料倒进二次烘焙过的派皮中。

在烤箱底层烘焙至馅料凝固。

½标准量的
千层酥面团

225克干豆子　　4个蛋黄　　185克砂糖

4餐勺
鲜榨橙汁

3餐勺
橙皮碎屑

3餐勺玉米淀粉

4个蛋白　　1小撮盐　　125克砂糖

049 制作千层酥面团

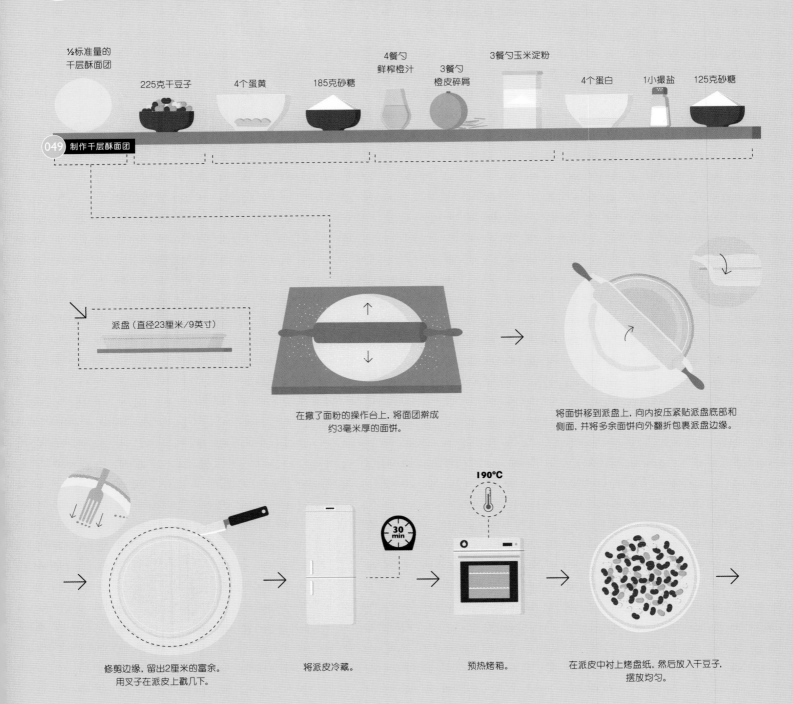

派盘（直径23厘米/9英寸）

在撒了面粉的操作台上，将面团擀成
约3毫米厚的面饼。

将面饼移到派盘上，向内按压紧贴派盘底部和
侧面，并将多余面饼向外翻折包裹派盘边缘。

修剪边缘，留出2厘米的富余。
用叉子在派皮上戳几下。

将派皮冷藏。

190℃

30 min

预热烤箱。

在派皮中衬上烤盘纸，然后放入干豆子，
摆放均匀。

预烤派皮，然后去掉
豆子和烤盘纸。

将蛋黄、185克糖混合打发至顺滑。加入250毫升水，搅拌，
然后加入橙汁、橙皮碎屑和玉米淀粉，搅拌。

将混合物放置在隔水炖锅中加热。用打蛋器不断搅拌，
直至黏稠顺滑。

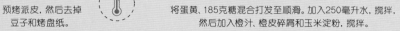

将香橙馅料倒在经过预烤的派皮上。

在烤箱底层烘焙至馅料凝固。

将盐和蛋白搅拌至起泡，慢慢地加入剩余的125克砂糖，
搅拌至黏稠光滑。

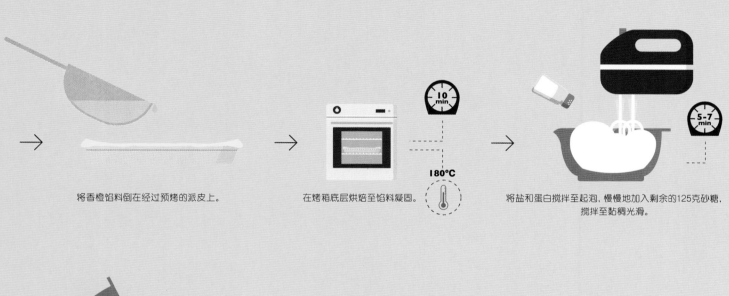

将派从烤箱中取出，将蛋奶糊均匀地涂抹在派上。

烘烤至蛋奶糊呈金棕色。

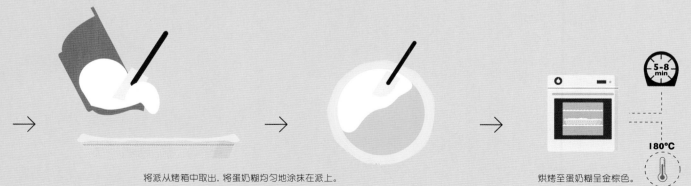

千层酥面团

1千克
甜杏, 去核, 切成约
12毫米的薄片

185克砂糖

3餐勺
玉米淀粉

1茶勺柠檬皮碎屑

1½茶勺姜粉

1茶勺肉桂粉

派盘(直径23厘米/9英寸)

049 制作千层酥面团

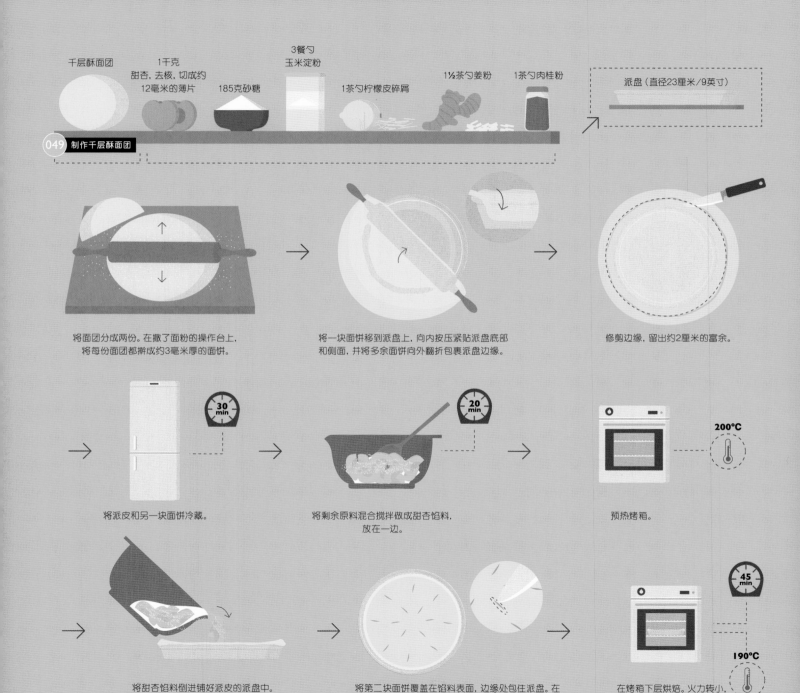

将面团分成两份。在撒了面粉的操作台上, 将每份面团都擀成约3毫米厚的面饼。

将一块面饼移到派盘上, 向内按压紧贴派盘底部和侧面, 并将多余面饼向外翻折包裹派盘边缘。

修剪边缘, 留出约2厘米的富余。

将派皮和另一块面饼冷藏。
30 min

将剩余原料混合搅拌做成甜杏馅料, 放在一边。
20 min

预热烤箱。
200℃

将甜杏馅料倒进铺好派皮的派盘中。

将第二块面饼覆盖在馅料表面, 边缘处包住派盘。在表面切四五个洞, 以便烘焙时蒸汽能够溢出。

在烤箱下层烘焙。火力转小, 烘焙至呈金黄色, 表面起泡。
45 min
190℃

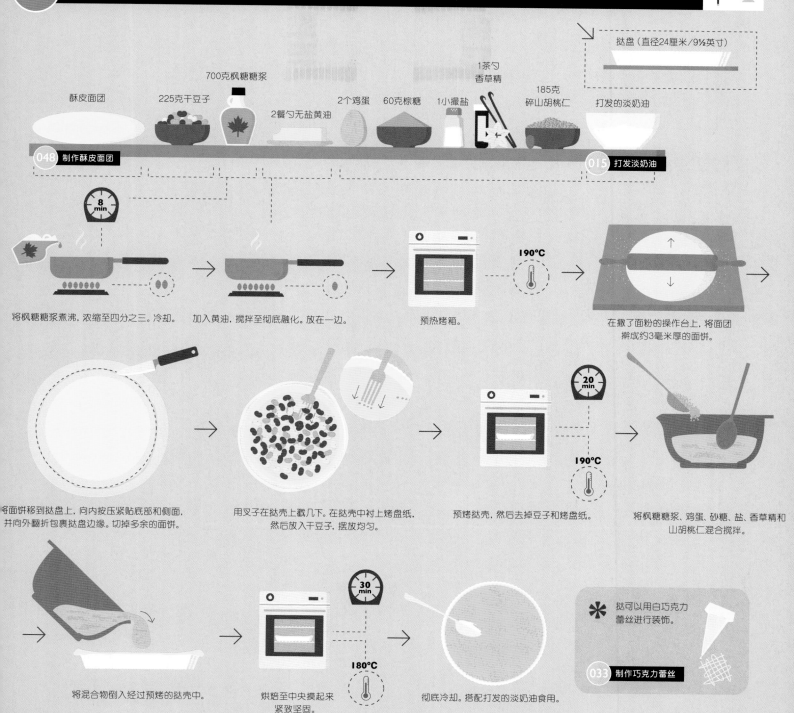

挞盘（直径24厘米/9½英寸）

酥皮面团
225克干豆子
700克枫糖糖浆
2餐勺无盐黄油
2个鸡蛋
60克棕糖
1小撮盐
1茶勺香草精
185克碎山胡桃仁
打发的淡奶油

048 制作酥皮面团

015 打发淡奶油

8 min

将枫糖糖浆煮沸，浓缩至四分之三。冷却。

加入黄油，搅拌至彻底融化。放在一边。

预热烤箱。

190°C

在撒了面粉的操作台上，将面团擀成约3毫米厚的面饼。

将面饼移到挞盘上，向内按压紧贴底部和侧面，并向外翻折包裹挞盘边缘。切掉多余的面饼。

用叉子在挞壳上戳几下。在挞壳中衬上烤盘纸，然后放入干豆子，摆放均匀。

20 min

190°C

预烤挞壳，然后去掉豆子和烤盘纸。

将枫糖糖浆、鸡蛋、砂糖、盐、香草精和山胡桃仁混合搅拌。

将混合物倒入经过预烤的挞壳中。

30 min

180°C

烘焙至中央摸起来紧致坚固。

彻底冷却。搭配打发的淡奶油食用。

＊ 挞可以用白巧克力蕾丝进行装饰。

033 制作巧克力蕾丝

107

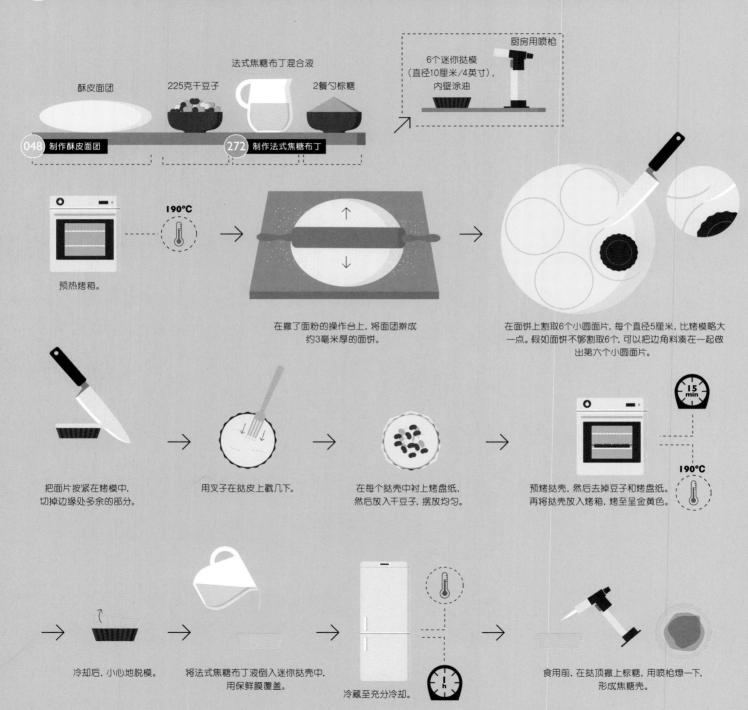

厨房用喷枪

6个迷你挞模
（直径10厘米/4英寸），
内壁涂油

法式焦糖布丁混合液

酥皮面团　　225克干豆子　　2餐勺棕糖

048 制作酥皮面团　　272 制作法式焦糖布丁

190°C

预热烤箱。

在撒了面粉的操作台上，将面团擀成
约3毫米厚的面饼。

在面饼上割取6个小圆面片，每个直径5厘米，比烤模略大
一点。假如面饼不够割取6个，可以把边角料凑在一起做
出第六个小圆面片。

把面片按紧在烤模中，
切掉边缘处多余的部分。

用叉子在挞皮上戳几下。

在每个挞壳中衬上烤盘纸，
然后放入干豆子，摆放均匀。

15 min

预烤挞壳，然后去掉豆子和烤盘纸。
再将挞壳放入烤箱，烤至呈金黄色。

190°C

冷却后，小心地脱模。

将法式焦糖布丁液倒入迷你挞壳中，
用保鲜膜覆盖。

冷藏至充分冷却。

食用前，在挞顶撒上棕糖，用喷枪燎一下，
形成焦糖壳。

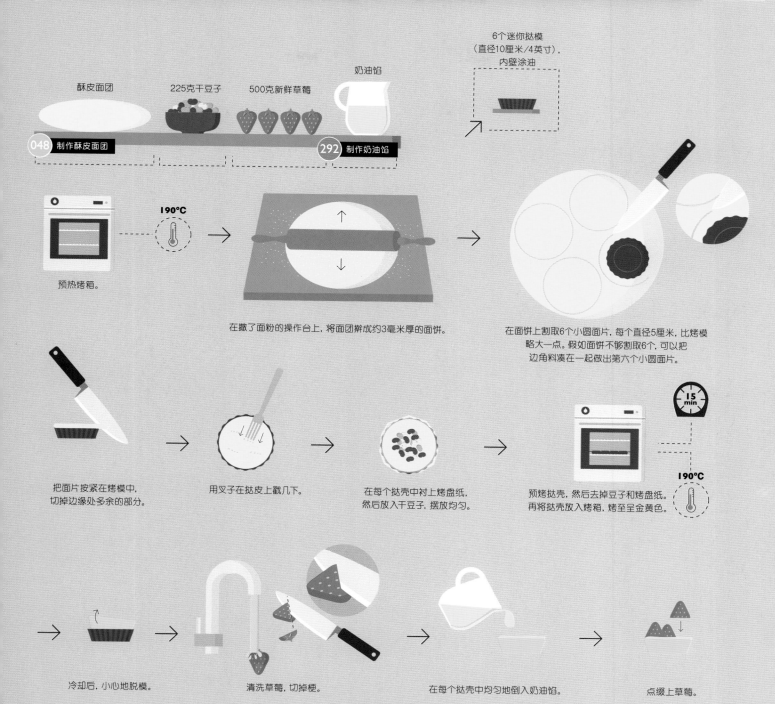

6个迷你挞模
（直径10厘米/4英寸），
内壁涂油

酥皮面团　　225克干豆子　　500克新鲜草莓　　奶油馅

048 制作酥皮面团　　　　　　　　　　292 制作奶油馅

190℃

预热烤箱。

在撒了面粉的操作台上，将面团擀成约3毫米厚的面饼。

在面饼上割取6个小圆面片，每个直径5厘米，比烤模略大一点。假如面饼不够割取6个，可以把边角料凑在一起做出第六个小圆面片。

把面片按紧在烤模中，切掉边缘处多余的部分。

用叉子在挞皮上戳几下。

在每个挞壳中衬上烤盘纸，然后放入干豆子，摆放均匀。

15 min

190℃

预烤挞壳，然后去掉豆子和烤盘纸。再将挞壳放入烤箱，烤至呈金黄色。

冷却后，小心地脱模。

清洗草莓，切掉梗。

在每个挞壳中均匀地倒入奶油馅。

点缀上草莓。

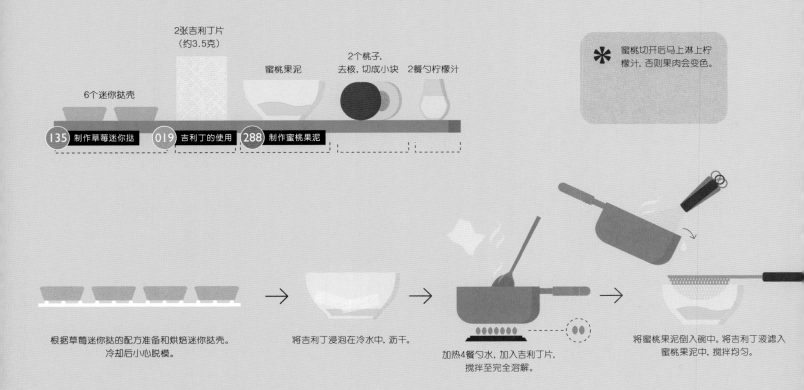

2张吉利丁片
（约3.5克）

蜜桃果泥

2个桃子，
去核，切成小块　2餐勺柠檬汁

6个迷你挞壳

✱ 蜜桃切开后马上淋上柠檬汁，否则果肉会变色。

135 制作草莓迷你挞　019 吉利丁的使用　288 制作蜜桃果泥

根据草莓迷你挞的配方准备和烘焙迷你挞壳。冷却后小心脱模。

将吉利丁浸泡在冷水中，沥干。

加热4餐勺水，加入吉利丁片，搅拌至完全溶解。

将蜜桃果泥倒入碗中。将吉利丁液滤入蜜桃果泥中，搅拌均匀。

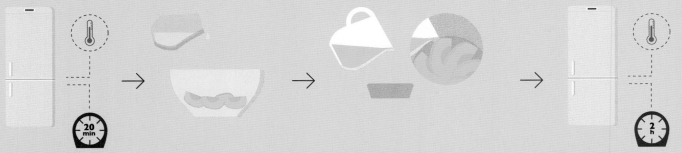

用保鲜膜包裹吉利丁蜜桃果泥混合液，冷藏至充分冷却。

将柠檬汁淋在蜜桃切片上。

将蜜桃果泥平均地倒入挞壳，顶部点缀新鲜蜜桃。

用保鲜膜包裹，冷藏至果泥凝固。

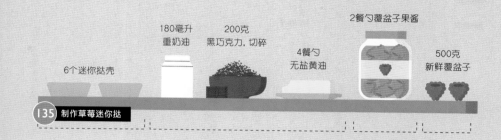

180毫升
重奶油

200克
黑巧克力, 切碎

4餐勺
无盐黄油

2餐勺覆盆子果酱

500克
新鲜覆盆子

6个迷你挞壳

135 制作草莓迷你挞

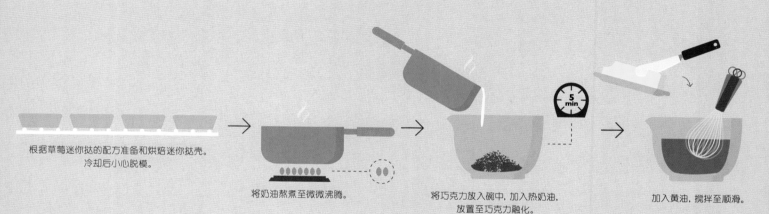

根据草莓迷你挞的配方准备和烘焙迷你挞壳。
冷却后小心脱模。

将奶油熬煮至微微沸腾。

将巧克力放入碗中, 加入热奶油,
放置至巧克力融化。

加入黄油, 搅拌至顺滑。

在每个挞壳中铺薄薄一层果酱。

将巧克力奶油倒入挞壳中,
不要超过挞壳边缘。

室温下放置至奶油凝固。

顶部用整颗覆盆子点缀。

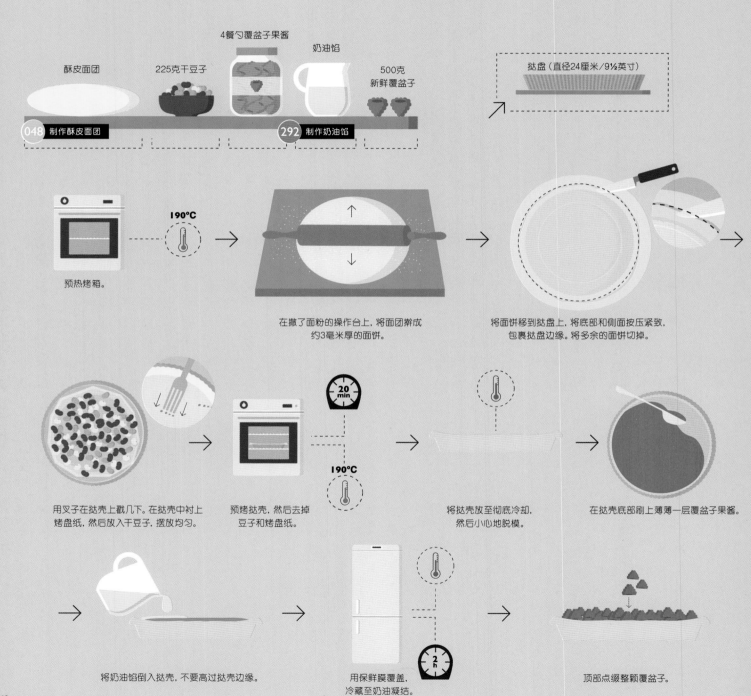

酥皮面团

225克干豆子

4餐勺覆盆子果酱

奶油馅

500克
新鲜覆盆子

挞盘（直径24厘米／9½英寸）

048 制作酥皮面团

292 制作奶油馅

190℃

预热烤箱。

在撒了面粉的操作台上，将面团擀成
约3毫米厚的面饼。

将面饼移到挞盘上，将底部和侧面按压紧致，
包裹挞盘边缘。将多余的面饼切掉。

用叉子在挞壳上戳几下。在挞壳中衬上
烤盘纸，然后放入干豆子，摆放均匀。

20 min

190℃

预烤挞壳，然后去掉
豆子和烤盘纸。

将挞壳放至彻底冷却，
然后小心地脱模。

在挞壳底部刷上薄薄一层覆盆子果酱。

将奶油馅倒入挞壳，不要高过挞壳边缘。

2 h

用保鲜膜覆盖，
冷藏至奶油凝结。

顶部点缀整颗覆盆子。

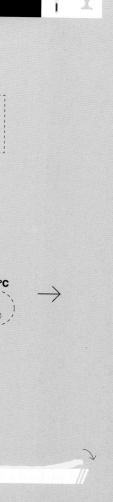

酥皮面团

185克砂糖

90克
无盐黄油，切成丁

1千克新鲜苹果，
去皮，去核，切成四块

挞盘（直径24厘米/9½英寸）

048 制作酥皮面团

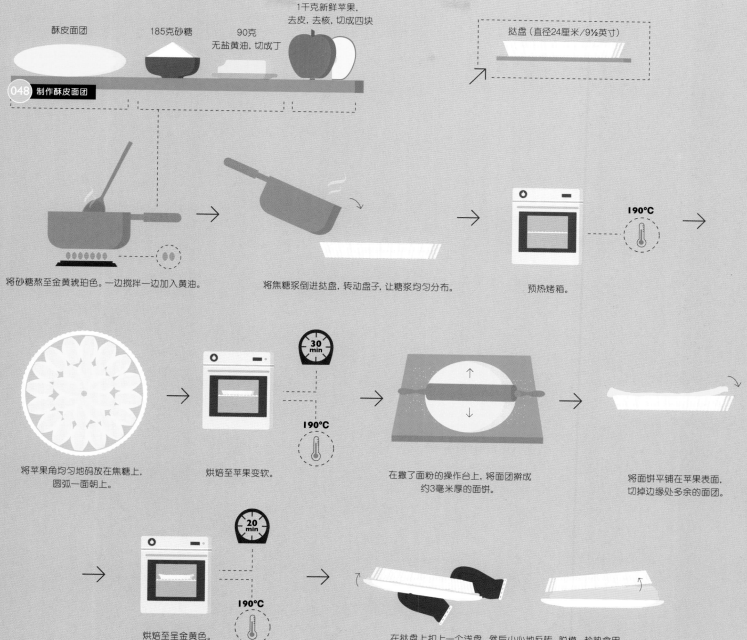

将砂糖熬至金黄琥珀色。一边搅拌一边加入黄油。

将焦糖浆倒进挞盘，转动盘子，让糖浆均匀分布。

预热烤箱。

190°C

将苹果角均匀地码放在焦糖上，
圆弧一面朝上。

烘焙至苹果变软。

30 min
190°C

在撒了面粉的操作台上，将面团擀成
约3毫米厚的面饼。

将面饼平铺在苹果表面，
切掉边缘处多余的面团。

20 min
190°C

烘焙至呈金黄色。

在挞盘上扣上一个浅盘。然后小心地反转，脱模。趁热食用。

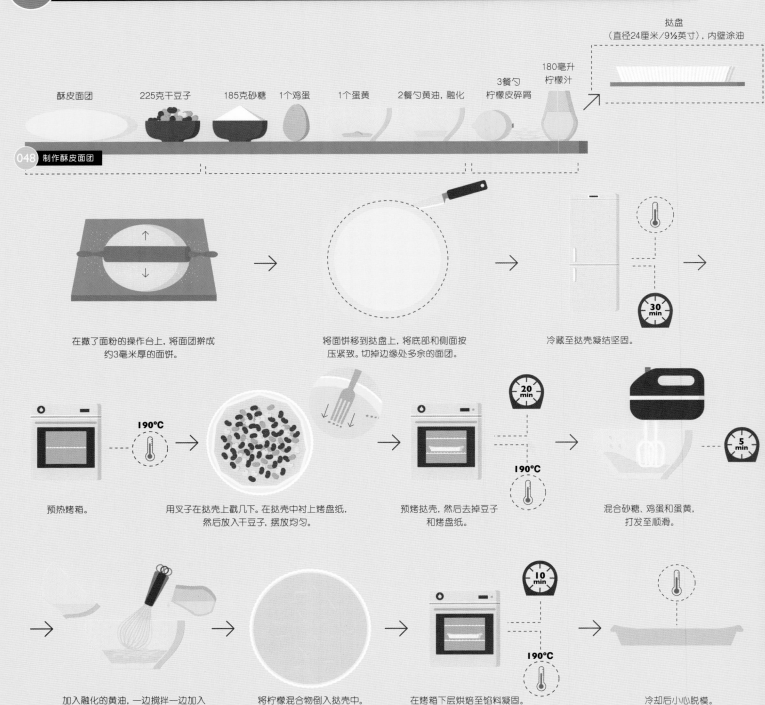

酥皮面团　225克干豆子　185克砂糖　1个鸡蛋　1个蛋黄　2餐勺黄油，融化　3餐勺柠檬皮碎屑　180毫升柠檬汁

挞盘
（直径24厘米/9½英寸），内壁涂油

048 制作酥皮面团

在撒了面粉的操作台上，将面团擀成约3毫米厚的面饼。

将面饼移到挞盘上，将底部和侧面按压紧致。切掉边缘处多余的面团。

30 min

冷藏至挞壳凝结坚固。

190℃

预热烤箱。

用叉子在挞壳上戳几下。在挞壳中衬上烤盘纸，然后放入干豆子，摆放均匀。

20 min
190℃

预烤挞壳，然后去掉豆子和烤盘纸。

5 min

混合砂糖、鸡蛋和蛋黄，打发至顺滑。

加入融化的黄油，一边搅拌一边加入柠檬皮碎屑和柠檬汁。

将柠檬混合物倒入挞壳中。

10 min
190℃

在烤箱下层烘焙至馅料凝固。

冷却后小心脱模。

制作柠檬蛋奶酥挞 make lemon meringue tart

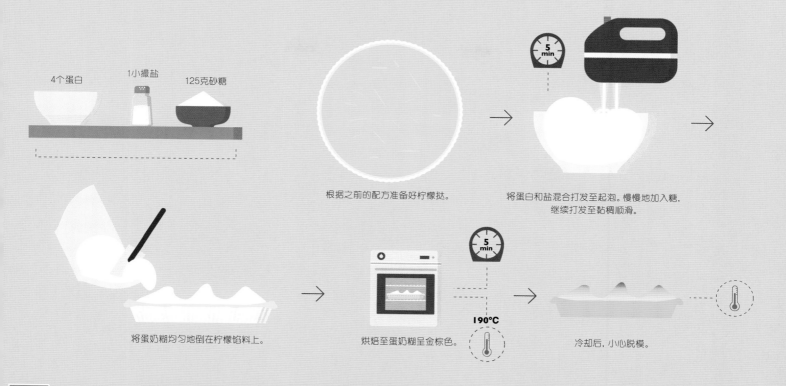

4个蛋白　1小撮盐　125克砂糖

根据之前的配方准备好柠檬挞。

将蛋白和盐混合打发至起泡。慢慢地加入糖，继续打发至黏稠顺滑。

将蛋奶糊均匀地倒在柠檬馅料上。

5 min
190℃
烘焙至蛋奶糊呈金棕色。

冷却后，小心脱模。

制作柠檬蛋奶酥迷你挞 make lemon meringue tartlets

糖渍柠檬片

6个迷你挞模
（直径10厘米/4英寸），内壁涂油

030 制作糖渍柠檬皮

按柠檬挞的配方进行操作，但是将面团和馅料都分别盛放在6个迷你挞模中。预烤挞壳只要15分钟。然后将糖渍柠檬皮加入柠檬馅料中。

将蛋奶糊均匀地倒在柠檬馅料上。

5 min
190℃
将迷你挞放在烤盘上，烘焙至蛋奶糊呈金棕色。

冷却后，小心脱模。

酥皮面团　225克干豆子　125克无盐黄油　250克　60克砂糖　2个鸡蛋　4餐勺覆盆子果酱　45克
　　　　　　　　　　　　　杏仁膏，切成丁　　　　　　　　　　　　　　　　　　　杏仁切片

048 制作酥皮面团

挞盘
（直径24厘米／9½英寸），内壁涂油

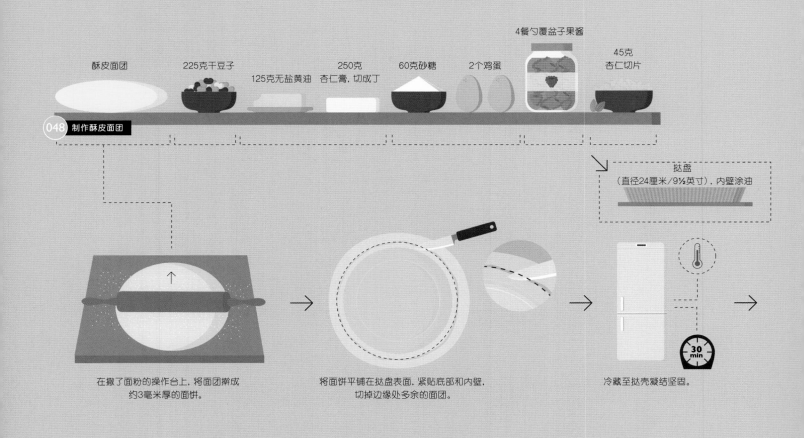

在撒了面粉的操作台上，将面团擀成
约3毫米厚的面饼。

将面饼平铺在挞盘表面，紧贴底部和内壁，
切掉边缘处多余的面团。

冷藏至挞壳凝结坚固。

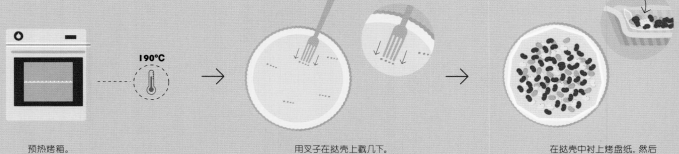

190°C

预热烤箱。

用叉子在挞壳上戳几下。

在挞壳中衬上烤盘纸，然后
放入干豆子，摆放均匀。

30 min

预烤挞壳，然后去掉豆子和烤盘纸。

将黄油打发至顺滑，然后加入杏仁膏，一次放入一块，充分混合后，再放下一块。

在持续打发的过程中，撒上糖，然后一次加入一个鸡蛋，打发至顺滑。

在挞壳底部涂抹薄薄一层覆盆子果酱。

将打发的杏仁膏均匀地涂抹在果酱上面。

均匀地撒上杏仁切片。

烤至馅料呈金黄色。

冷却后小心脱模。

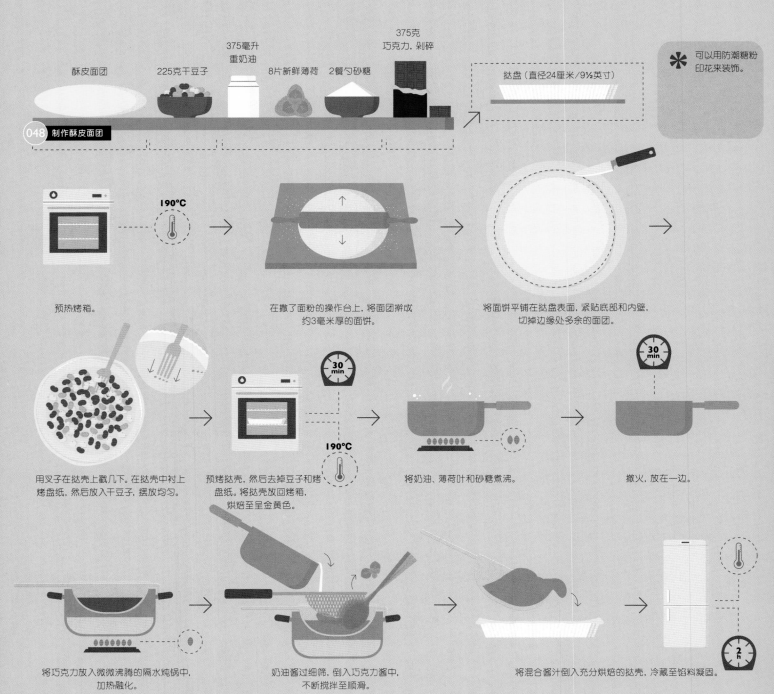

酥皮面团　　225克干豆子　　375毫升重奶油　　8片新鲜薄荷　　2餐勺砂糖　　375克巧克力，剁碎

挞盘（直径24厘米／9½英寸）

可以用防潮糖粉印花来装饰。

048 制作酥皮面团

预热烤箱。

190°C

在撒了面粉的操作台上，将面团擀成约3毫米厚的面饼。

将面饼平铺在挞盘表面，紧贴底部和内壁，切掉边缘处多余的面团。

用叉子在挞壳上戳几下。在挞壳中衬上烤盘纸，然后放入干豆子，摆放均匀。

30 min
190°C

预烤挞壳，然后去掉豆子和烤盘纸。将挞壳放回烤箱，烘焙至呈金黄色。

将奶油、薄荷叶和砂糖煮沸。

30 min

撤火，放在一边。

将巧克力放入微微沸腾的隔水炖锅中，加热融化。

奶油酱过细筛，倒入巧克力酱中，不断搅拌至顺滑。

将混合酱汁倒入充分烘焙的挞壳，冷藏至馅料凝固。

2 h

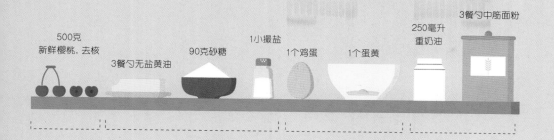

500克
新鲜樱桃,去核

3餐勺无盐黄油

90克砂糖

1小撮盐

1个鸡蛋

1个蛋黄

250毫升
重奶油

3餐勺中筋面粉

烤碗(容量2升),内壁涂油

预热烤箱。

200℃

将樱桃在烤碗中码放均匀。

将黄油、砂糖和盐混合搅拌至顺滑。

5-6
min

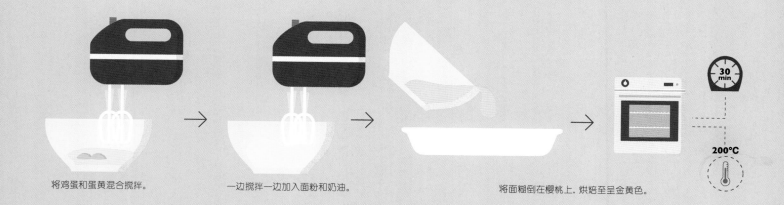

将鸡蛋和蛋黄混合搅拌。

一边搅拌一边加入面粉和奶油。

将面糊倒在樱桃上,烘焙至呈金黄色。

30
min

200℃

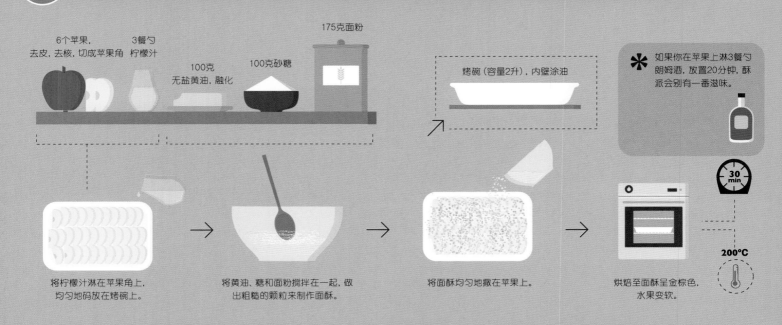

6个苹果,
去皮,去核,切成苹果角

3餐勺
柠檬汁

100克
无盐黄油,融化

100克砂糖

175克面粉

烤碗(容量2升),内壁涂油

如果你在苹果上淋3餐勺朗姆酒,放置20分钟,酥派会别有一番滋味。

30 min

200°C

将柠檬汁淋在苹果角上,均匀地码放在烤碗上。

将黄油、糖和面粉搅拌在一起,做出粗糙的颗粒来制作面酥。

将面酥均匀地撒在苹果上。

烘焙至面酥呈金棕色,水果变软。

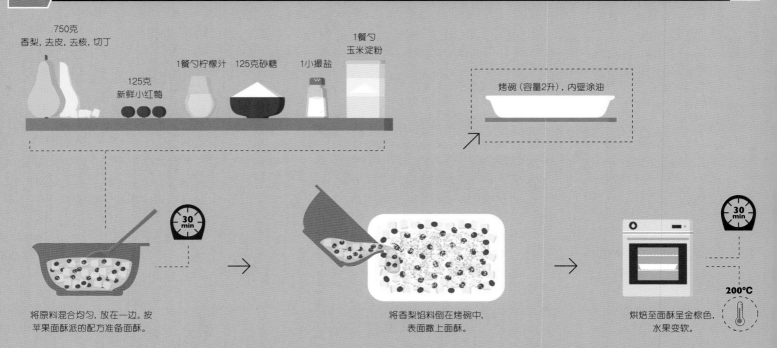

750克
香梨,去皮,去核,切丁

125克
新鲜小红莓

1餐勺柠檬汁

125克砂糖

1小撮盐

1餐勺
玉米淀粉

烤碗(容量2升),内壁涂油

30 min

将原料混合均匀,放在一边。按苹果面酥派的配方准备面酥。

将香梨馅料倒在烤碗中,表面撒上面酥。

30 min

200°C

烘焙至面酥呈金棕色,水果变软。

制作混合浆果面酥派 make mixed berry crumble

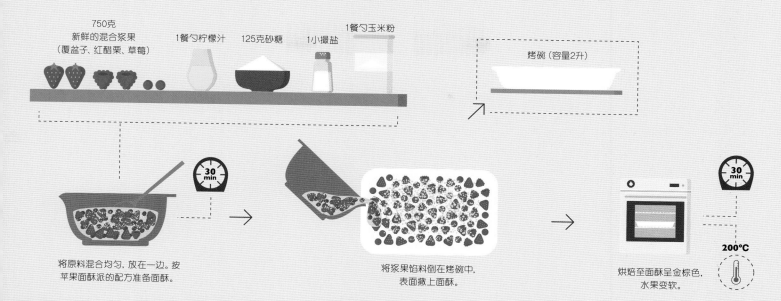

750克
新鲜的混合浆果
（覆盆子、红醋栗、草莓）

1餐勺柠檬汁　125克砂糖　1小撮盐　1餐勺玉米粉

烤碗（容量2升）

30 min

200°C

将原料混合均匀，放在一边。按
苹果面酥派的配方准备面酥。

将浆果馅料倒在烤碗中，
表面撒上面酥。

烘焙至面酥呈金棕色，
水果变软。

制作甜李子雅马邑酥派 make plum & armagnac crumble

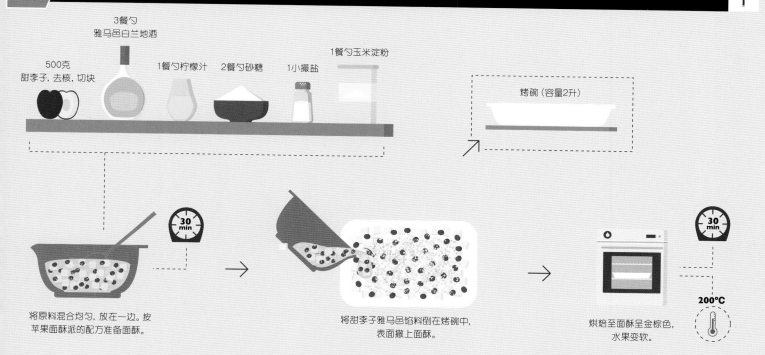

3餐勺
雅马邑白兰地酒

500克
甜李子，去核，切块

1餐勺柠檬汁　2餐勺砂糖　1小撮盐　1餐勺玉米淀粉

烤碗（容量2升）

30 min

200°C

将原料混合均匀，放在一边。按
苹果面酥派的配方准备面酥。

将甜李子雅马邑馅料倒在烤碗中，
表面撒上面酥。

烘焙至面酥呈金棕色，
水果变软。

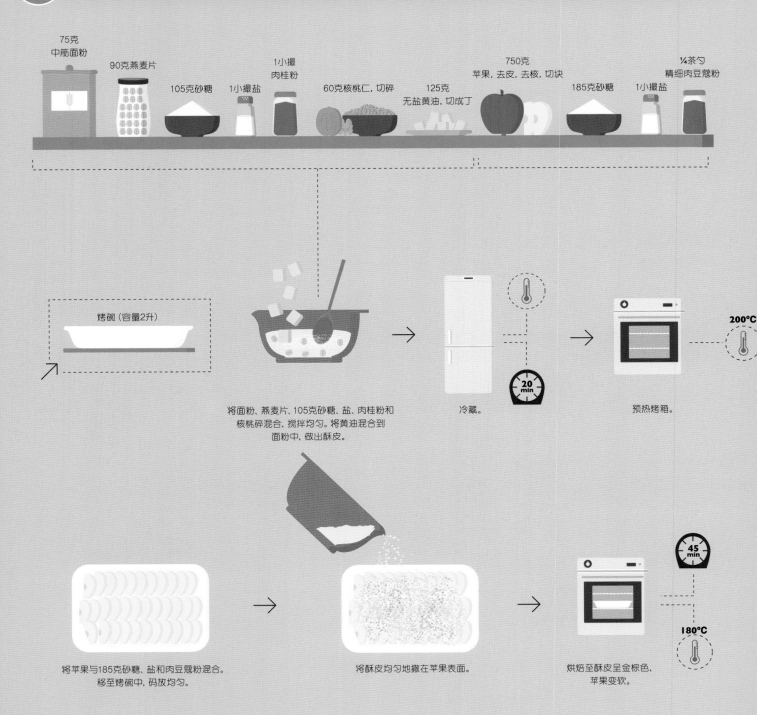

75克
中筋面粉

90克燕麦片

105克砂糖

1小撮盐

1小撮
肉桂粉

60克核桃仁, 切碎

125克
无盐黄油, 切成丁

750克
苹果, 去皮, 去核, 切块

185克砂糖

1小撮盐

¼茶勺
精细肉豆蔻粉

烤碗 (容量2升)

将面粉、燕麦片、105克砂糖、盐、肉桂粉和
核桃碎混合, 搅拌均匀。将黄油混合到
面粉中, 做出酥皮。

冷藏。

20 min

预热烤箱。

200℃

将苹果与185克砂糖、盐和肉豆蔻粉混合。
移至烤碗中, 码放均匀。

将酥皮均匀地撒在苹果表面。

烘焙至酥皮呈金棕色,
苹果变软。

45 min

180℃

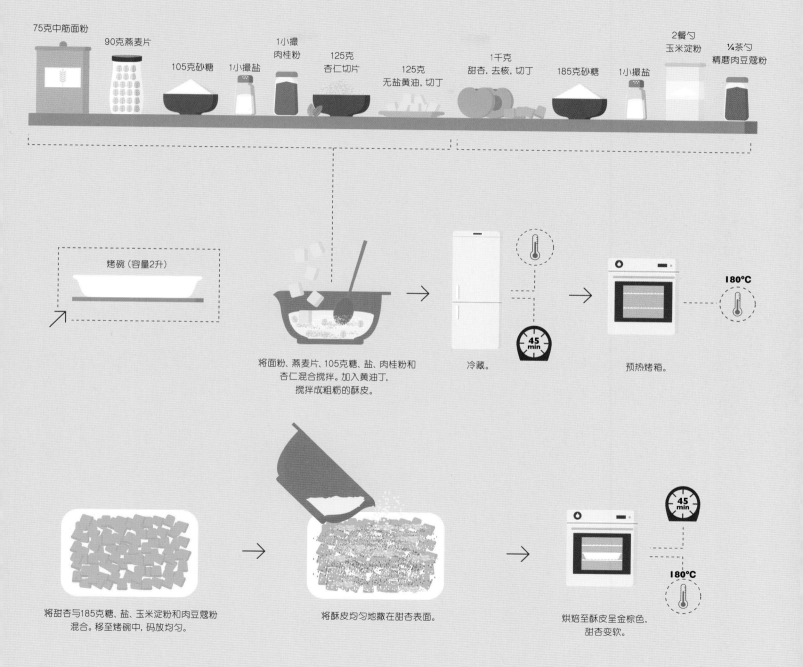

75克中筋面粉

90克燕麦片

105克砂糖

1小撮盐

1小撮
肉桂粉

125克
杏仁切片

125克
无盐黄油, 切丁

1千克
甜杏, 去核, 切丁

185克砂糖

1小撮盐

2餐勺
玉米淀粉

¼茶勺
精磨肉豆蔻粉

烤碗 (容量2升)

将面粉、燕麦片、105克糖、盐、肉桂粉和
杏仁混合搅拌。加入黄油丁,
搅拌成粗粝的酥皮。

冷藏。

45 min

预热烤箱。

180℃

将甜杏与185克糖、盐、玉米淀粉和肉豆蔻粉
混合。移至烤碗中, 码放均匀。

将酥皮均匀地撒在甜杏表面。

烘焙至酥皮呈金棕色,
甜杏变软。

45 min

180℃

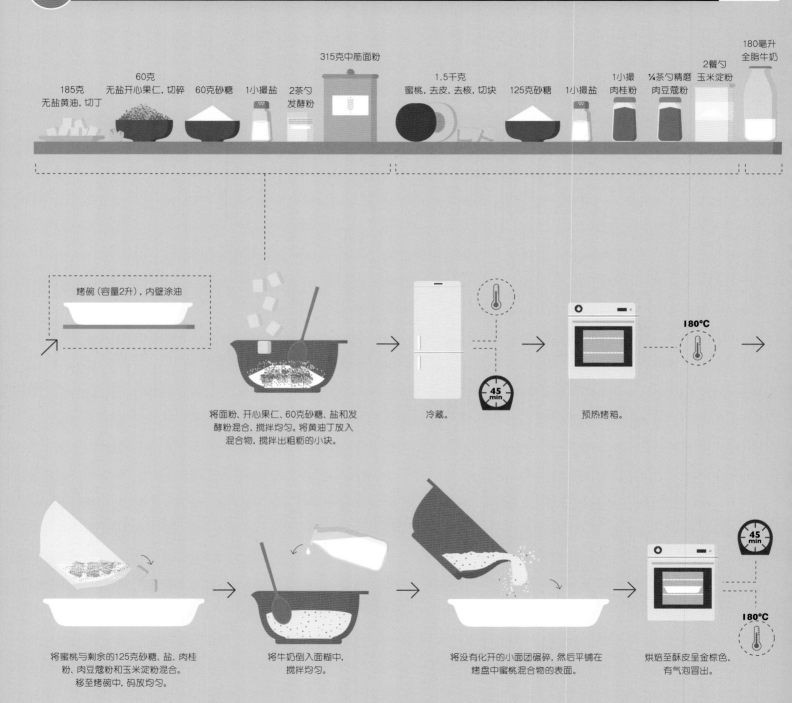

185克
无盐黄油,切丁

60克
无盐开心果仁,切碎

60克砂糖

1小撮盐

2茶勺
发酵粉

315克中筋面粉

1.5千克
蜜桃,去皮,去核,切块

125克砂糖

1小撮盐

1小撮
肉桂粉

¼茶勺精磨
肉豆蔻粉

2餐勺
玉米淀粉

180毫升
全脂牛奶

烤碗(容量2升),内壁涂油

将面粉、开心果仁、60克砂糖、盐和发酵粉混合,搅拌均匀。将黄油丁放入混合物,搅拌出粗粝的小块。

45 min

冷藏。

180℃

预热烤箱。

将蜜桃与剩余的125克砂糖、盐、肉桂粉、肉豆蔻粉和玉米淀粉混合。移至烤碗中,码放均匀。

将牛奶倒入面糊中,搅拌均匀。

将没有化开的小面团碾碎,然后平铺在烤盘中蜜桃混合物的表面。

45 min

180℃

烘焙至酥皮呈金棕色,有气泡冒出。

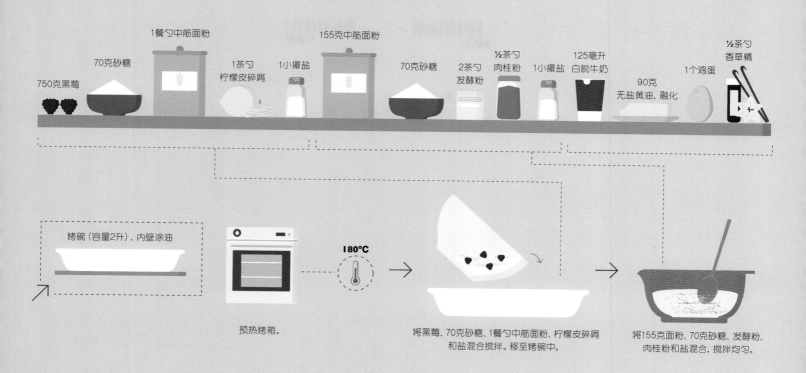

750克黑莓　70克砂糖　1餐勺中筋面粉　1茶勺柠檬皮碎屑　1小撮盐　155克中筋面粉　70克砂糖　2茶勺发酵粉　½茶勺肉桂粉　1小撮盐　125毫升白脱牛奶　90克无盐黄油，融化　1个鸡蛋　½茶勺香草精

烤碗（容量2升），内壁涂油

预热烤箱。

180℃

将黑莓、70克砂糖、1餐勺中筋面粉、柠檬皮碎屑和盐混合搅拌。移至烤碗中。

将155克面粉、70克砂糖、发酵粉、肉桂粉和盐混合，搅拌均匀。

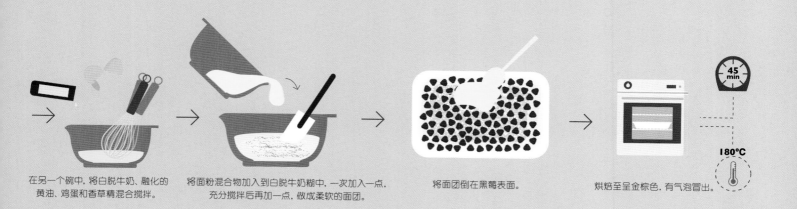

在另一个碗中，将白脱牛奶、融化的黄油、鸡蛋和香草精混合搅拌。

将面粉混合物加入到白脱牛奶糊中，一次加入一点，充分搅拌后再加一点，做成柔软的面团。

将面团倒在黑莓表面。

烘焙至呈金黄棕色，有气泡冒出。

45 min

180℃

750克
新鲜樱桃，去核

按制作黑莓脆皮馅饼的方法操作，
用樱桃代替黑莓。

750克
新鲜混合浆果（覆盆子、红醋栗、草莓）

按制作黑莓脆皮馅饼的方法操作，
用混合浆果代替黑莓。

1餐勺朗姆酒

1茶勺
香草精

¼茶勺
新鲜研磨的
肉豆蔻

在水果中加入香草精、肉豆蔻和
朗姆酒，放置一下。

按制作黑莓脆皮馅饼的方法
进行操作即可。

2餐勺
切碎的核桃仁

2餐勺杏仁片

在脆皮馅饼的表面撒上
核桃碎和杏仁片。

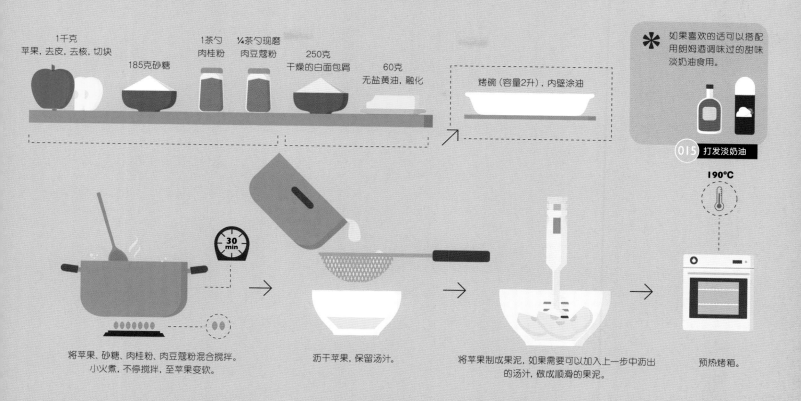

1千克
苹果, 去皮, 去核, 切块

185克砂糖

1茶勺
肉桂粉

¼茶勺现磨
肉豆蔻粉

250克
干燥的白面包屑

60克
无盐黄油, 融化

烤碗 (容量2升), 内壁涂油

如果喜欢的话可以搭配用朗姆酒调味过的甜味淡奶油食用。

015 打发淡奶油

190℃

将苹果、砂糖、肉桂粉、肉豆蔻粉混合搅拌。
小火煮, 不停搅拌, 至苹果变软。

沥干苹果, 保留汤汁。

将苹果制成果泥, 如果需要可以加入上一步中沥出
的汤汁, 做成顺滑的果泥。

预热烤箱。

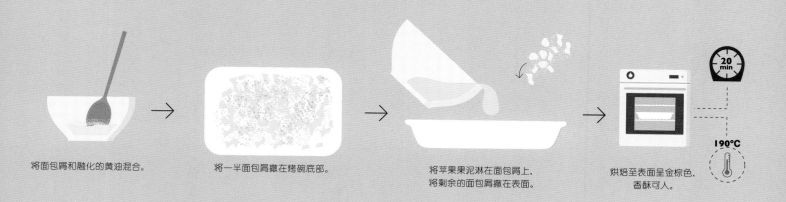

将面包屑和融化的黄油混合。

将一半面包屑撒在烤碗底部。

将苹果果泥淋在面包屑上,
将剩余的面包屑撒在表面。

20 min

190℃

烘焙至表面呈金棕色,
香酥可人。

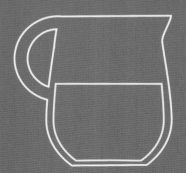

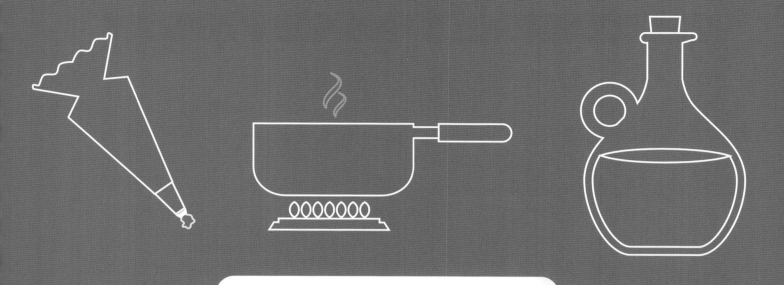

麦芬和杯子蛋糕

muffins and cupcakes

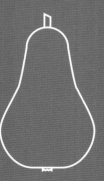

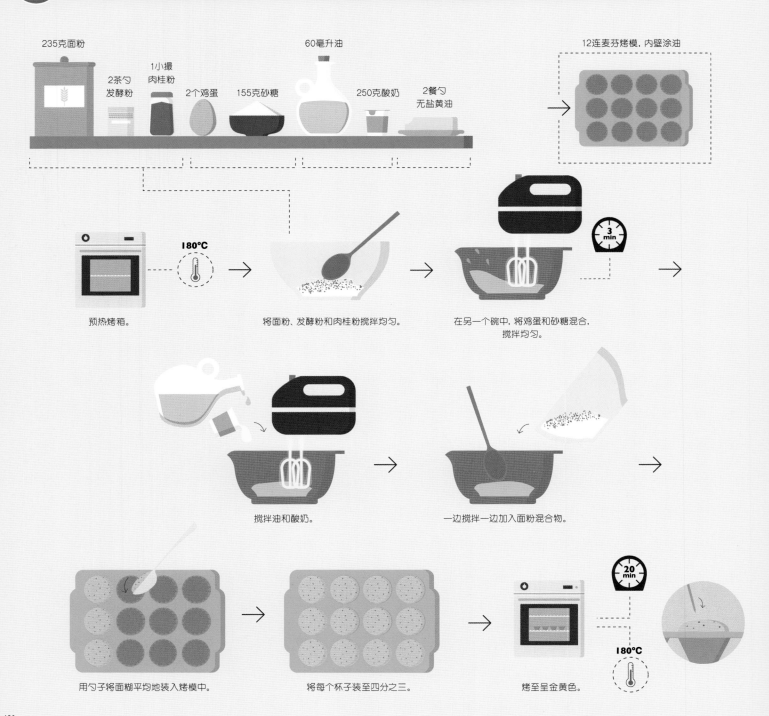

235克面粉

2茶勺
发酵粉

1小撮
肉桂粉

2个鸡蛋

155克砂糖

60毫升油

250克酸奶

2餐勺
无盐黄油

12连麦芬烤模，内壁涂油

预热烤箱。

180°C

将面粉、发酵粉和肉桂粉搅拌均匀。

在另一个碗中，将鸡蛋和砂糖混合，搅拌均匀。

3 min

搅拌油和酸奶。

一边搅拌一边加入面粉混合物。

用勺子将面糊平均地装入烤模中。

将每个杯子装至四分之三。

烤至呈金黄色。

20 min

180°C

160 制作蓝莓麦芬
make blueberry muffins

1茶勺肉桂粉

250克蓝莓

在面粉混合物中加入蓝莓和肉桂粉。
其他操作与制作麦芬一致。

161 制作巧克力麦芬
make chocolate muffins

3餐勺可可粉

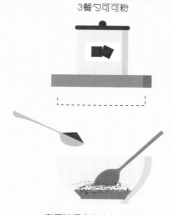

在面粉混合物中加入可可粉。
其他操作与制作麦芬一致。

162 制作巧克力碎片麦芬
make chocolate chip muffins

200克巧克力碎片

一边搅拌一边将巧克力碎加入面糊中。
其他操作与制作麦芬一致。

163 制作胡瓜麦芬
make zucchini muffins

300克
胡瓜，擦成丝

250克鲜奶油

用鲜奶油代替酸奶。在面糊中加入胡瓜丝。
其他操作与制作麦芬一致。

164 制作柠檬酸奶麦芬
make lemon-yogurt muffins

3餐勺柠檬汁

2餐勺柠檬皮碎屑

将柠檬汁和柠檬皮碎屑加入面糊中。其他操作
与制作麦芬一致。

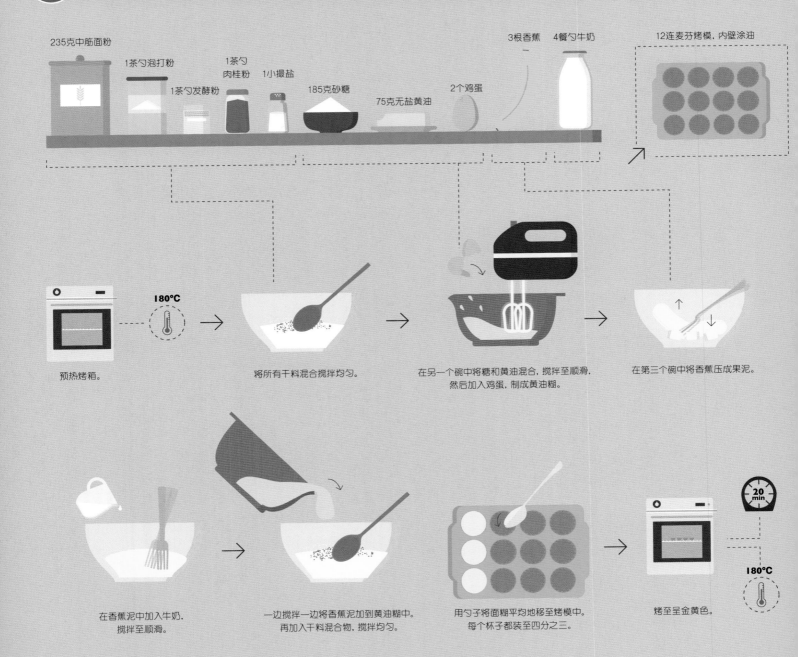

235克中筋面粉

1茶勺泡打粉

1茶勺发酵粉

1茶勺肉桂粉

1小撮盐

185克砂糖

75克无盐黄油

2个鸡蛋

3根香蕉　4餐勺牛奶

12连麦芬烤模，内壁涂油

180°C

预热烤箱。

将所有干料混合搅拌均匀。

在另一个碗中将糖和黄油混合，搅拌至顺滑，然后加入鸡蛋，制成黄油糊。

在第三个碗中将香蕉压成果泥。

在香蕉泥中加入牛奶，搅拌至顺滑。

一边搅拌一边将香蕉泥加到黄油糊中。再加入干料混合物，搅拌均匀。

用勺子将面糊平均地移至烤模中。每个杯子都装至四分之三。

烤至呈金黄色。

20 min

180°C

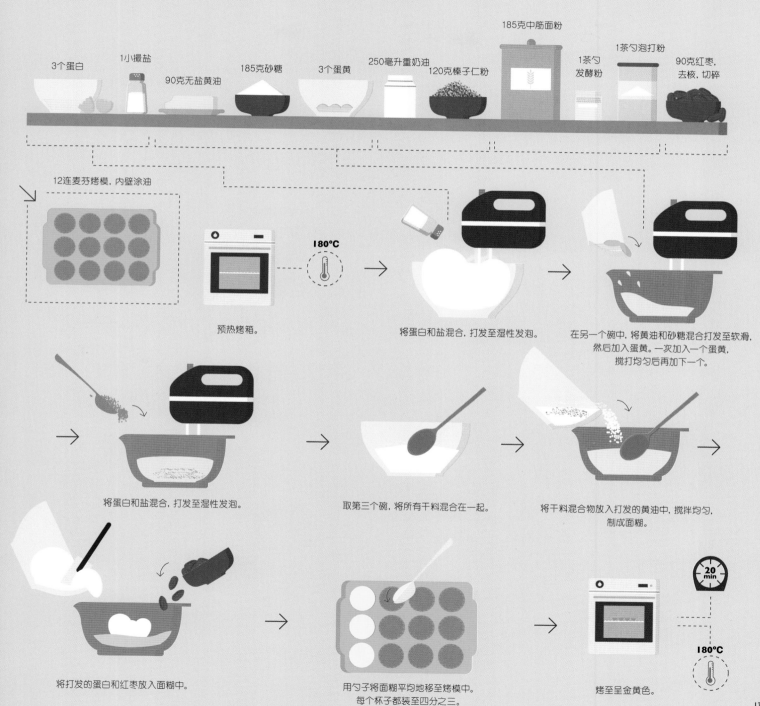

3个蛋白

1小撮盐

90克无盐黄油

185克砂糖

3个蛋黄

250毫升重奶油

185克中筋面粉

120克榛子仁粉

1茶勺发酵粉

1茶勺泡打粉

90克红枣,去核,切碎

12连麦芬烤模,内壁涂油

180℃

预热烤箱。

将蛋白和盐混合,打发至湿性发泡。

在另一个碗中,将黄油和砂糖混合打发至软滑,然后加入蛋黄。一次加入一个蛋黄,搅打均匀后再加下一个。

将蛋白和盐混合,打发至湿性发泡。

取第三个碗,将所有干料混合在一起。

将干料混合物放入打发的黄油中,搅拌均匀,制成面糊。

将打发的蛋白和红枣放入面糊中。

用勺子将面糊平均地移至烤模中。每个杯子都装至四分之三。

烤至呈金黄色。

20 min

180℃

133

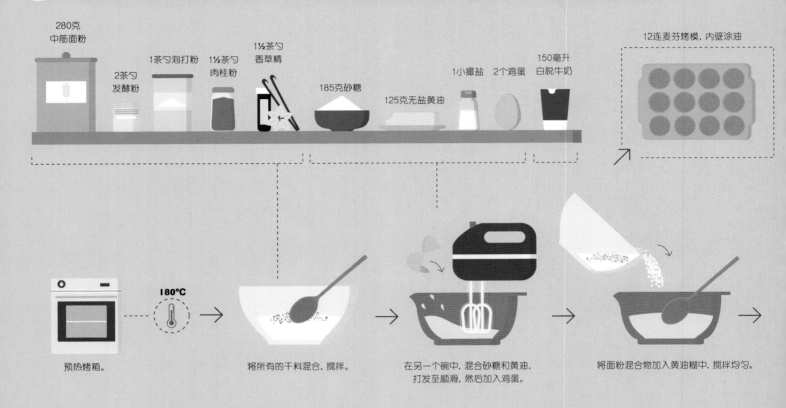

280克
中筋面粉

2茶勺
发酵粉

1茶勺泡打粉

1½茶勺
肉桂粉

1½茶勺
香草精

185克砂糖

125克无盐黄油

1小撮盐

2个鸡蛋

150毫升
白脱牛奶

12连麦芬烤模, 内壁涂油

180℃

预热烤箱。

将所有的干料混合, 搅拌。

在另一个碗中, 混合砂糖和黄油,
打发至顺滑, 然后加入鸡蛋。

将面粉混合物加入黄油糊中, 搅拌均匀。

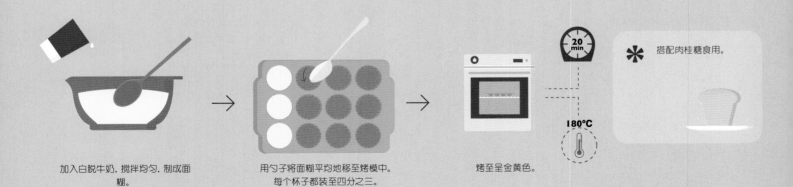

加入白脱牛奶, 搅拌均匀, 制成面
糊。

用勺子将面糊平均地移至烤模中。
每个杯子都装至四分之三。

烤至呈金黄色。

20
min

180℃

搭配肉桂糖食用。

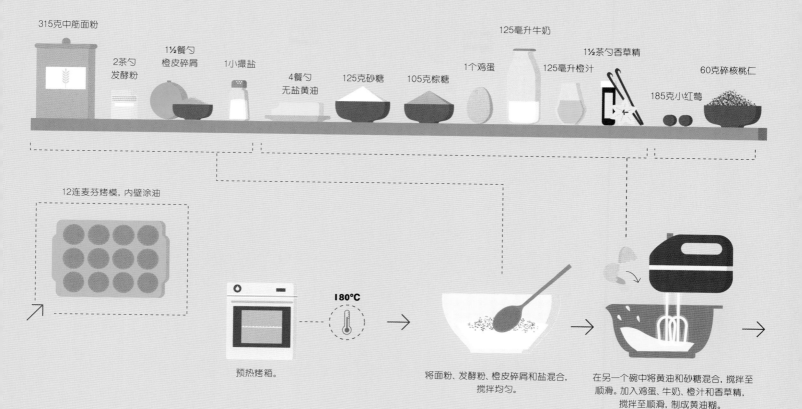

315克中筋面粉

2茶勺
发酵粉

1½餐勺
橙皮碎屑

1小撮盐

4餐勺
无盐黄油

125克砂糖

105克棕糖

1个鸡蛋

125毫升牛奶

125毫升橙汁

1½茶勺香草精

185克小红莓

60克碎核桃仁

12连麦芬烤模, 内壁涂油

180°C

预热烤箱。

将面粉、发酵粉、橙皮碎屑和盐混合,
搅拌均匀。

在另一个碗中将黄油和砂糖混合, 搅拌至
顺滑。加入鸡蛋、牛奶、橙汁和香草精,
搅拌至顺滑, 制成黄油糊。

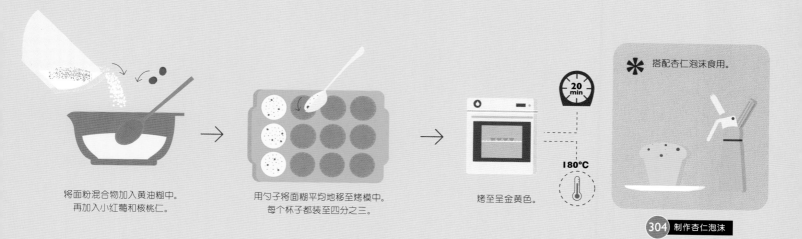

将面粉混合物加入黄油糊中。
再加入小红莓和核桃仁。

用勺子将面糊平均地移至烤模中。
每个杯子都装至四分之三。

烤至呈金黄色。

20 min

180°C

✳ 搭配杏仁泡沫食用。

304 制作杏仁泡沫

135

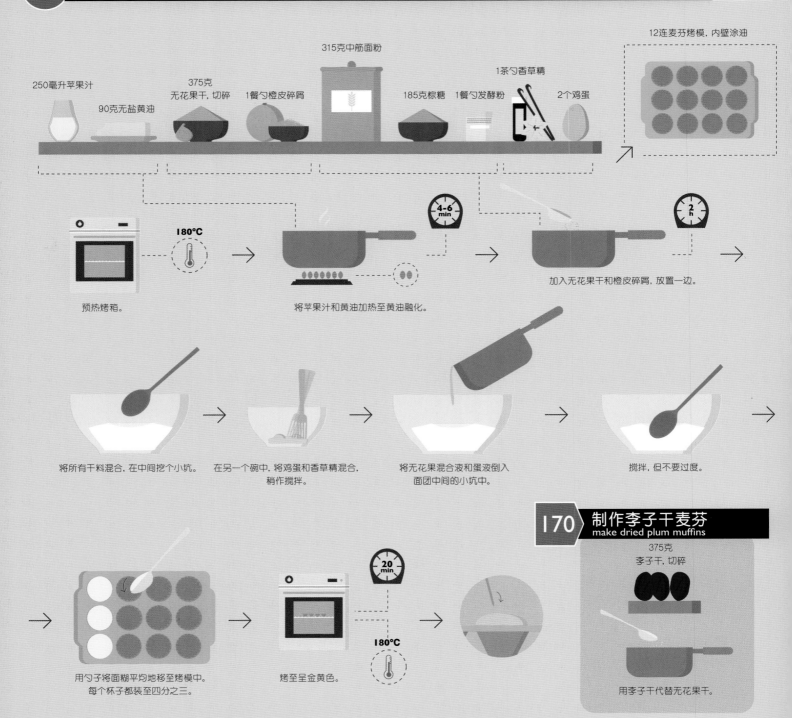

250毫升苹果汁

90克无盐黄油

375克
无花果干, 切碎

1餐勺橙皮碎屑

315克中筋面粉

185克棕糖　1餐勺发酵粉

1茶勺香草精

2个鸡蛋

12连麦芬烤模, 内壁涂油

180℃

4-6 min

2 h

预热烤箱。

将苹果汁和黄油加热至黄油融化。

加入无花果干和橙皮碎屑, 放置一边。

将所有干料混合, 在中间挖个小坑。

在另一个碗中, 将鸡蛋和香草精混合,
稍作搅拌。

将无花果混合液和蛋液倒入
面团中间的小坑中。

搅拌, 但不要过度。

170 制作李子干麦芬
make dried plum muffins

375克
李子干, 切碎

20 min

180℃

用勺子将面糊平均地移至烤模中。
每个杯子都装至四分之三。

烤至呈金黄色。

用李子干代替无花果干。

136

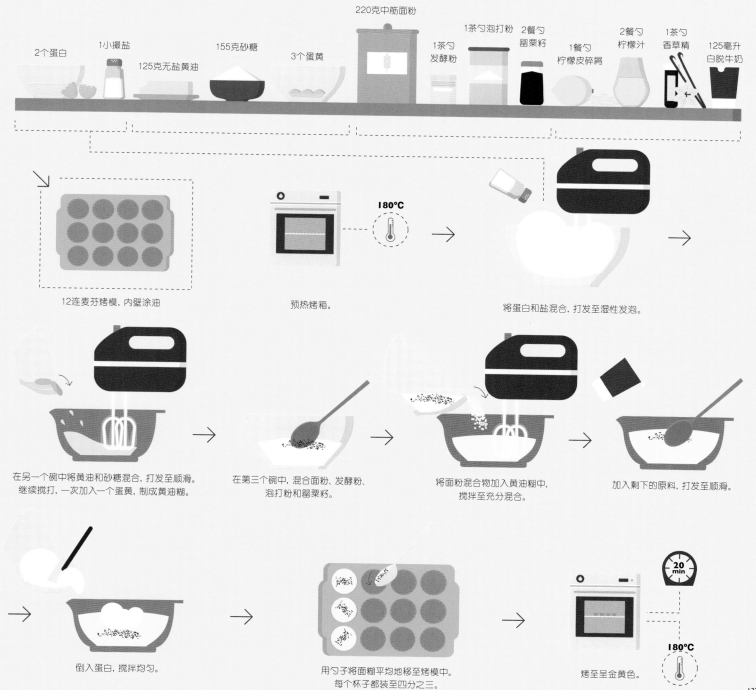

2个蛋白　1小撮盐　125克无盐黄油　155克砂糖　3个蛋黄　220克中筋面粉　1茶勺发酵粉　1茶勺泡打粉　2餐勺罂粟籽　1餐勺柠檬皮碎屑　2餐勺柠檬汁　1茶勺香草精　125毫升白脱牛奶

12连麦芬烤模，内壁涂油

预热烤箱。

180℃

将蛋白和盐混合，打发至湿性发泡。

在另一个碗中将黄油和砂糖混合，打发至顺滑。继续搅打，一次加入一个蛋黄，制成黄油糊。

在第三个碗中，混合面粉、发酵粉、泡打粉和罂粟籽。

将面粉混合物加入黄油糊中，搅拌至充分混合。

加入剩下的原料，打发至顺滑。

倒入蛋白，搅拌均匀。

用勺子将面糊平均地移至烤模中。每个杯子都装至四分之三。

烤至呈金黄色。

20 min

180℃

125克覆盆子　2餐勺砂糖　1餐勺覆盆子醋　90克无盐黄油　125克砂糖　1茶勺纯香草精油　2个鸡蛋　250毫升牛奶　315克中筋面粉　2茶勺发酵粉　1小撮盐　2个蜜桃，去皮，去核，切碎　30克杏仁片

12连麦芬烤模，内壁涂油

预热烤箱。 180℃

在搅拌器中放入覆盆子、砂糖和覆盆子醋，混合搅拌。过细筛。

在另一个碗中，将黄油、砂糖、香草精混合打发至顺滑。一次加入一个鸡蛋，打发。加入牛奶，打发。制成黄油糊。

在第三个碗中，将所有的干料混合搅拌。

将干料混合物加入到黄油糊中，搅拌均匀。

将蜜桃块倒入面糊中，搅拌。

用勺子将面糊平均地移至烤模中。每个杯子都装至二分之一。

173 制作果酱麦芬
bake jam-filled muffins

在每个杯中盛1餐勺覆盆子果泥，然后倒上面糊，整理平整。

撒上杏仁片。

烘焙至呈金黄色。 190℃ 25 min

¾杯草莓果酱

同制作蜜桃美尔巴麦芬的操作步骤。用草莓果酱代替覆盆子果泥。

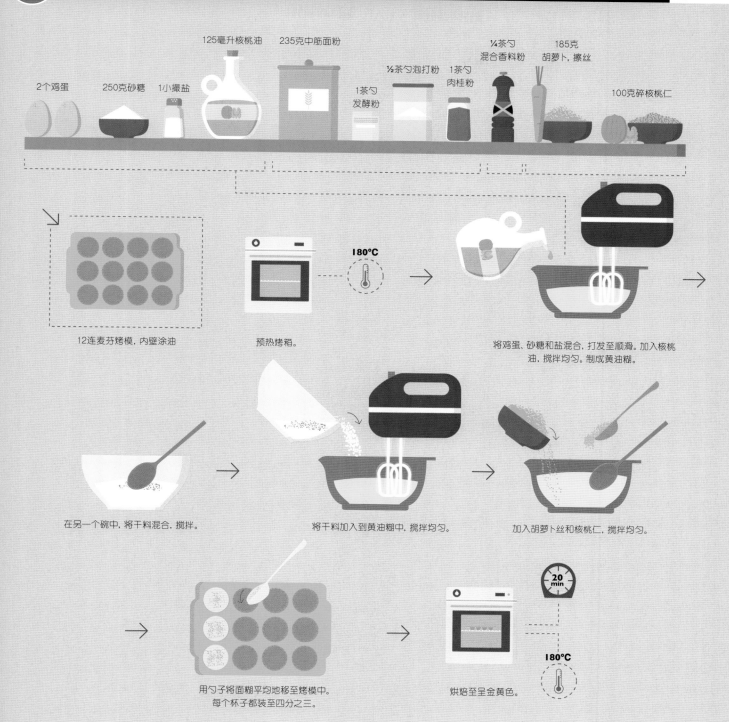

2个鸡蛋　250克砂糖　1小撮盐　125毫升核桃油　235克中筋面粉　1茶勺发酵粉　½茶勺泡打粉　1茶勺肉桂粉　¼茶勺混合香料粉　185克胡萝卜，擦丝　100克碎核桃仁

12连麦芬烤模，内壁涂油。

预热烤箱。

180°C

将鸡蛋、砂糖和盐混合，打发至顺滑。加入核桃油，搅拌均匀。制成黄油糊。

在另一个碗中，将干料混合，搅拌。

将干料加入到黄油糊中，搅拌均匀。

加入胡萝卜丝和核桃仁，搅拌均匀。

用勺子将面糊平均地移至烤模中。每个杯子都装至四分之三。

烘焙至呈金黄色。

20 min

180°C

2个鸡蛋　125克砂糖　1小撮盐　125毫升核桃油　180毫升白脱牛奶　2茶勺纯香草精　315克中筋面粉　1餐勺发酵粉　1茶勺泡打粉　2茶勺肉桂粉　¼茶勺肉豆蔻粉　250克香梨，去核，去皮，切丁　125克碎核桃仁

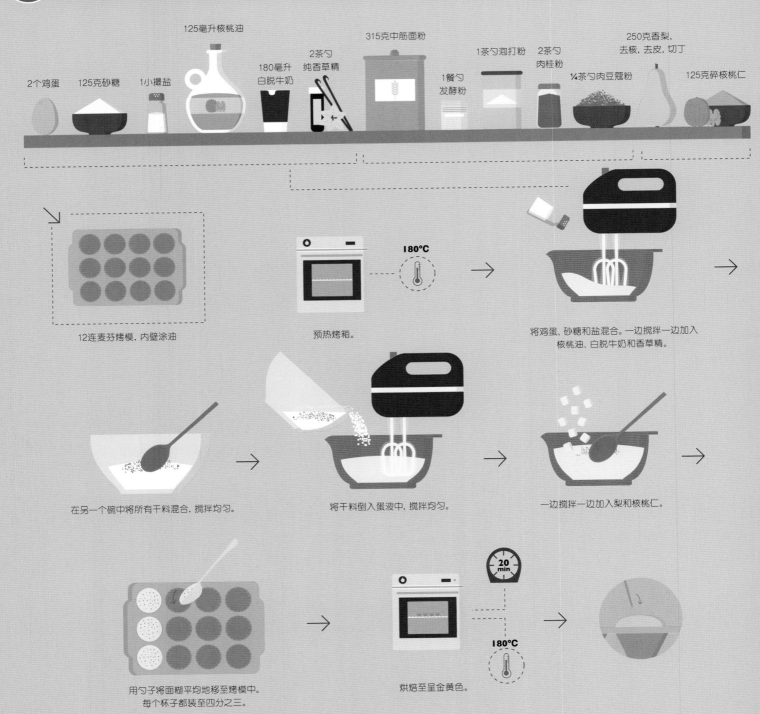

12连麦芬烤模，内壁涂油

预热烤箱。

180°C

将鸡蛋、砂糖和盐混合。一边搅拌一边加入核桃油、白脱牛奶和香草精。

在另一个碗中将所有干料混合，搅拌均匀。

将干料倒入蛋液中，搅拌均匀。

一边搅拌一边加入梨和核桃仁。

用勺子将面糊平均地移至烤模中。每个杯子都装至四分之三。

烘焙至呈金黄色。

20 min

180°C

200克面粉

2茶勺发酵粉

185克无盐黄油

250克砂糖

60克香草糖

4个鸡蛋

310毫升牛奶

12连麦芬烤模，内衬杯子蛋糕纸托

180°C

预热烤箱。

将面粉和发酵粉混合，搅拌均匀。

在另一个碗中将黄油和糖混合，搅拌至顺滑。

一边搅拌一边依次加入鸡蛋。

交替加入面糊和牛奶，一边倒一边搅拌。

用勺子将面糊平均地移至烤模中。每个杯子都装至三分之二。

20 min

180°C

烘焙至呈金黄色。

135克可可粉，过筛

90克巧克力碎片

根据黄色杯子蛋糕的配方进行操作，但在面粉中加入可可粉。

可以根据喜好在面糊中添加巧克力碎片。按制作黄色杯子蛋糕的操作进行烘焙。

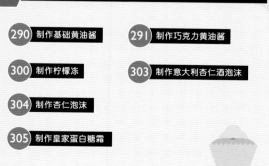

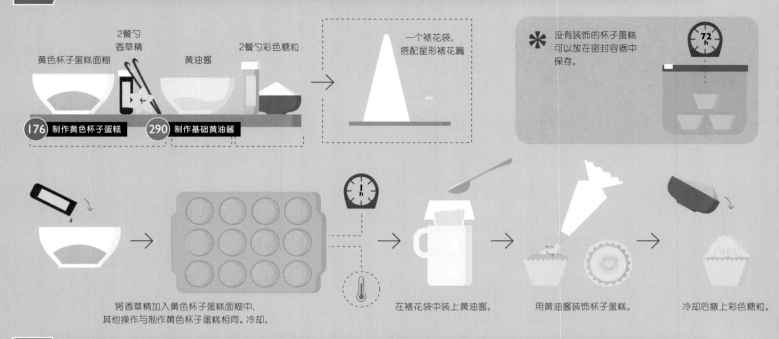

2餐勺
香草精

黄色杯子蛋糕面糊   黄油酱   2餐勺彩色糖粒

一个裱花袋,
搭配星形裱花嘴

176 制作黄色杯子蛋糕   **290** 制作基础黄油酱

✱ 没有装饰的杯子蛋糕
可以放在密封容器中
保存。

72 h

将香草精加入黄色杯子蛋糕面糊中,
其他操作与制作黄色杯子蛋糕相同。冷却。

在裱花袋中装上黄油酱。

用黄油酱装饰杯子蛋糕。

冷却后撒上彩色糖粒。

180 用巧克力黄油酱制作黄色杯子蛋糕 make yellow cupcakes with chocolate buttercream

291 制作巧克力黄油酱

黄色杯子蛋糕面糊   巧克力黄油酱

巧克力叶子

一个裱花袋,
搭配星形裱花嘴

176 制作黄色杯子蛋糕   **032** 制作巧克力叶子

制作黄色杯子蛋糕。冷却。

在裱花袋中装上巧克力黄油酱。

用巧克力黄油酱装饰杯子蛋糕。

冷却后插上巧克力叶子。

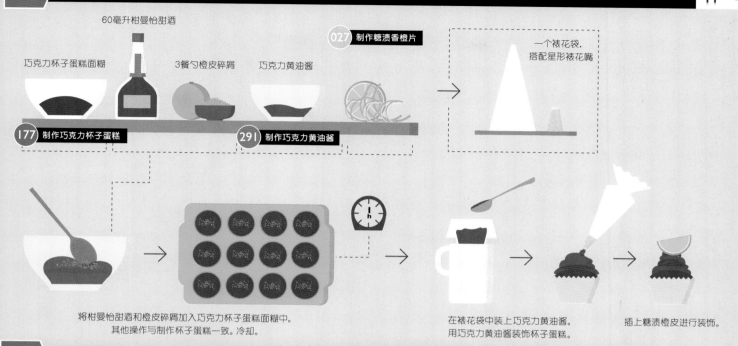

60毫升柑曼怡甜酒

巧克力杯子蛋糕面糊

3餐勺橙皮碎屑

巧克力黄油酱

027 制作糖渍香橙片

一个裱花袋,
搭配星形裱花嘴

177 制作巧克力杯子蛋糕

291 制作巧克力黄油酱

将柑曼怡甜酒和橙皮碎屑加入巧克力杯子蛋糕面糊中。
其他操作与制作杯子蛋糕一致。冷却。

在裱花袋中装上巧克力黄油酱。
用巧克力黄油酱装饰杯子蛋糕。

插上糖渍橙皮进行装饰。

182 制作柠檬冻椰香杯子蛋糕 make coconut cupcakes with lemon curd

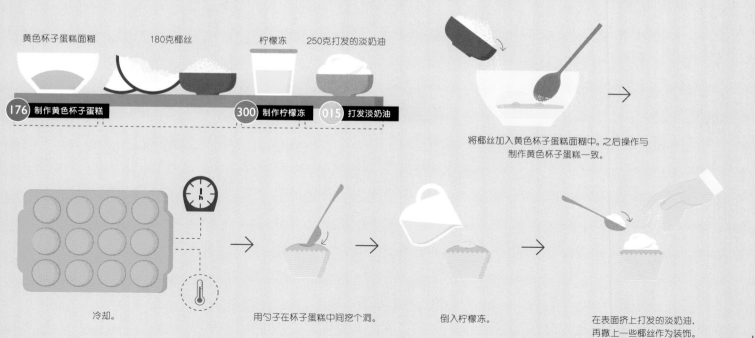

黄色杯子蛋糕面糊

180克椰丝

柠檬冻

250克打发的淡奶油

176 制作黄色杯子蛋糕

300 制作柠檬冻

015 打发淡奶油

将椰丝加入黄色杯子蛋糕面糊中。之后操作与
制作黄色杯子蛋糕一致。

冷却。

用勺子在杯子蛋糕中间挖个洞。

倒入柠檬冻。

在表面挤上打发的淡奶油。
再撒上一些椰丝作为装饰。

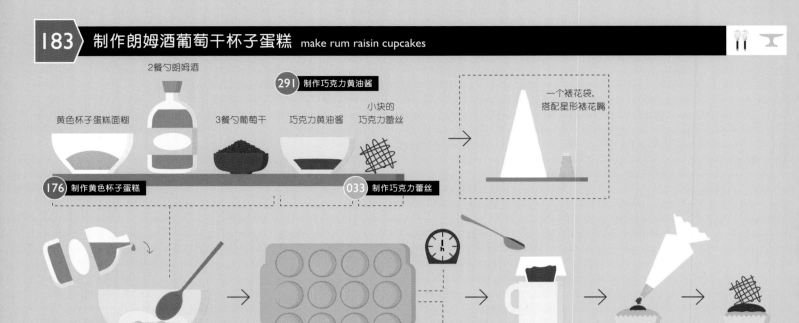

2餐勺朗姆酒

291 制作巧克力黄油酱

黄色杯子蛋糕面糊　　3餐勺葡萄干　巧克力黄油酱　小块的巧克力蕾丝

一个裱花袋，搭配星形裱花嘴

176 制作黄色杯子蛋糕　　　033 制作巧克力蕾丝

将朗姆酒和葡萄干加入黄色杯子蛋糕面糊中，其他操作与制作黄色杯子蛋糕一致。

冷却。

在裱花袋中装上巧克力黄油酱。

用巧克力黄油酱装饰杯子蛋糕。

插上巧克力蕾丝。

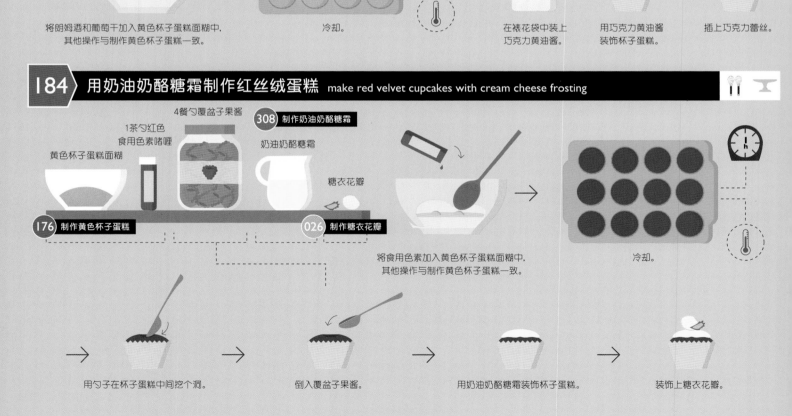

4餐勺覆盆子果酱

308 制作奶油奶酪糖霜

1茶勺红色食用色素啫喱

奶油奶酪糖霜

黄色杯子蛋糕面糊

糖衣花瓣

176 制作黄色杯子蛋糕　　　026 制作糖衣花瓣

将食用色素加入黄色杯子蛋糕面糊中，其他操作与制作黄色杯子蛋糕一致。

冷却。

用勺子在杯子蛋糕中间挖个洞。

倒入覆盆子果酱。

用奶油奶酪糖霜装饰杯子蛋糕。

装饰上糖衣花瓣。

制作奶油冰淇淋杯子蛋糕 make ice cream cupcakes

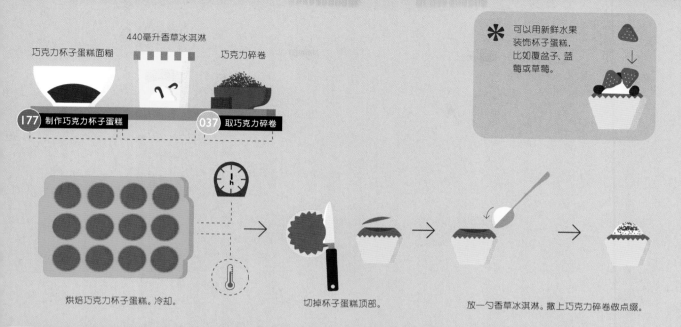

巧克力杯子蛋糕面糊　440毫升香草冰淇淋　巧克力碎卷

177 制作巧克力杯子蛋糕　　037 取巧克力碎卷

可以用新鲜水果装饰杯子蛋糕，比如覆盆子、蓝莓或草莓。

烘焙巧克力杯子蛋糕。冷却。　切掉杯子蛋糕顶部。　放一勺香草冰淇淋。撒上巧克力碎卷做点缀。

制作蜂蜜印度拉茶杯子蛋糕 make chai and honey cupcakes

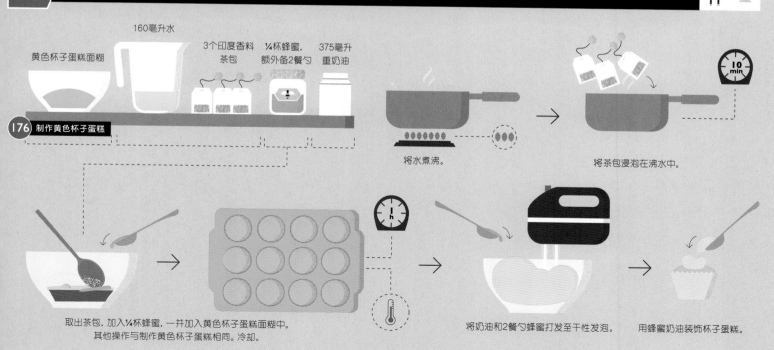

黄色杯子蛋糕面糊　160毫升水　3个印度香料茶包　¼杯蜂蜜，额外备2餐勺　375毫升重奶油

176 制作黄色杯子蛋糕

将水煮沸。　将茶包浸泡在沸水中。

取出茶包，加入¼杯蜂蜜，一并加入黄色杯子蛋糕面糊中。其他操作与制作黄色杯子蛋糕相同。冷却。　将奶油和2餐勺蜂蜜打发至干性发泡。　用蜂蜜奶油装饰杯子蛋糕。

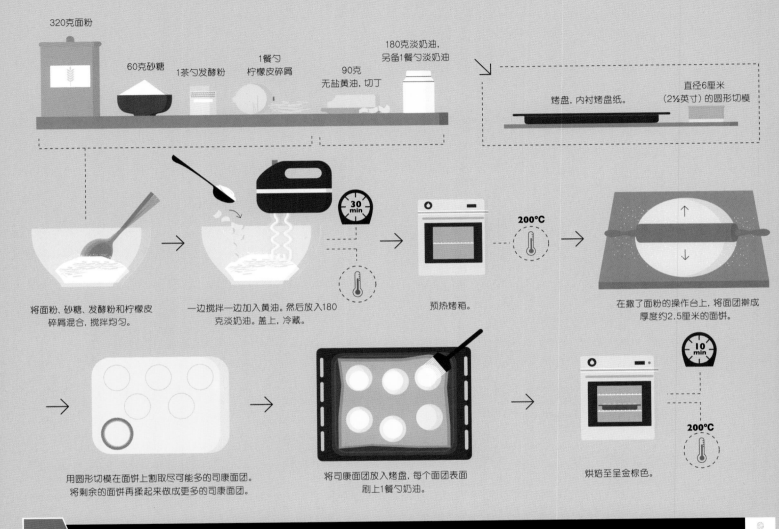

320克面粉

60克砂糖

1茶勺发酵粉

1餐勺
柠檬皮碎屑

90克
无盐黄油，切丁

180克淡奶油，
另备1餐勺淡奶油

烤盘，内衬烤盘纸

直径6厘米
(2½英寸)的圆形切模

30 min

200℃

将面粉、砂糖、发酵粉和柠檬皮
碎屑混合，搅拌均匀。

一边搅拌一边加入黄油。然后放入180
克淡奶油。盖上，冷藏。

预热烤箱。

在撒了面粉的操作台上，将面团擀成
厚度约2.5厘米的面饼。

10 min

200℃

用圆形切模在面饼上割取尽可能多的司康面团。
将剩余的面饼再揉起来做成更多的司康面团。

将司康面团放入烤盘，每个面团表面
刷上1餐勺奶油。

烘焙至呈金棕色。

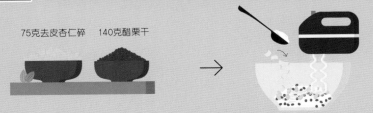

75克去皮杏仁碎　140克醋栗干

＊ 也可以用其他水果干制作司
康，比如樱桃、蓝莓或碎杏干。

将杏仁碎、醋栗干和黄油一起加入面糊中。
之后按司康的配方操作。

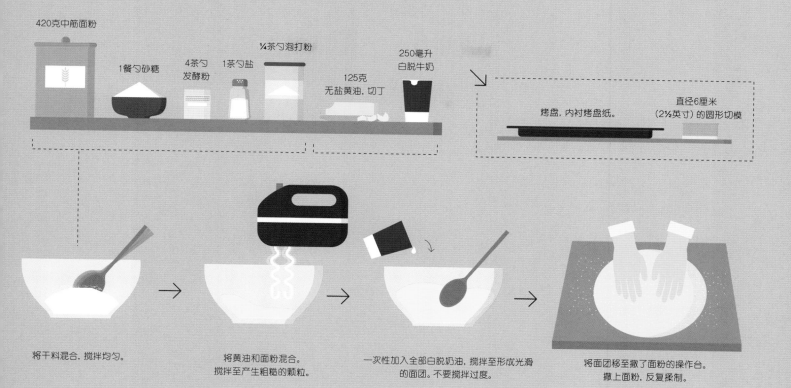

420克中筋面粉

1餐勺砂糖

4茶勺发酵粉

1茶勺盐

¼茶勺泡打粉

125克无盐黄油,切丁

250毫升白脱牛奶

烤盘,内衬烤盘纸。

直径6厘米(2½英寸)的圆形切模

将干料混合,搅拌均匀。

将黄油和面粉混合。搅拌至产生粗糙的颗粒。

一次性加入全部白脱奶油,搅拌至形成光滑的面团。不要搅拌过度。

将面团移至撒了面粉的操作台。撒上面粉,反复揉制。

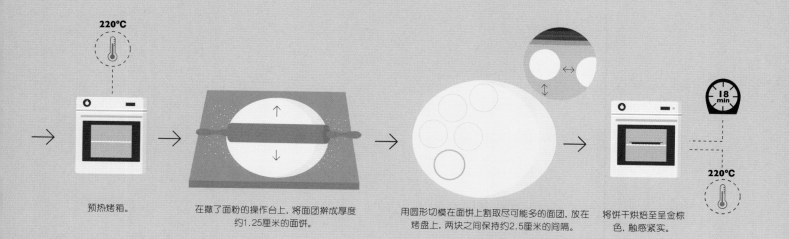

220°C

预热烤箱。

在撒了面粉的操作台上,将面团擀成厚度约1.25厘米的面饼。

用圆形切模在面饼上割取尽可能多的面团,放在烤盘上,两块之间保持约2.5厘米的间隔。

将饼干烘焙至呈金棕色,触感紧实。

18 min

220°C

曲奇和能量棒

cookies and bars

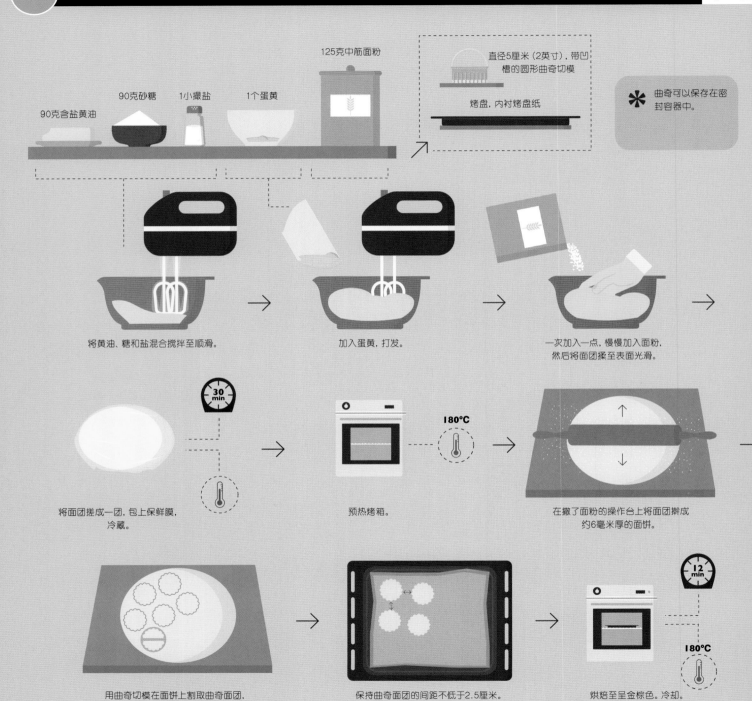

125克中筋面粉

90克砂糖

1小撮盐

1个蛋黄

90克含盐黄油

直径5厘米（2英寸），带凹槽的圆形曲奇切模

烤盘，内衬烤盘纸

曲奇可以保存在密封容器中。

将黄油、糖和盐混合搅拌至顺滑。

加入蛋黄，打发。

一次加入一点，慢慢加入面粉，然后将面团揉至表面光滑。

30 min

将面团搓成一团，包上保鲜膜，冷藏。

180℃

预热烤箱。

在撒了面粉的操作台上将面团擀成约6毫米厚的面饼。

用曲奇切模在面饼上割取曲奇面团，放在烤盘上。

保持曲奇面团的间距不低于2.5厘米。

12 min

180℃

烘焙至呈金棕色。冷却。

220克中筋面粉

½茶勺
发酵粉

½茶勺泡打粉

½茶勺盐

125克无盐黄油

125克砂糖

105克棕糖

1个鸡蛋

1茶勺香草精

185克
巧克力丁或碎巧克力

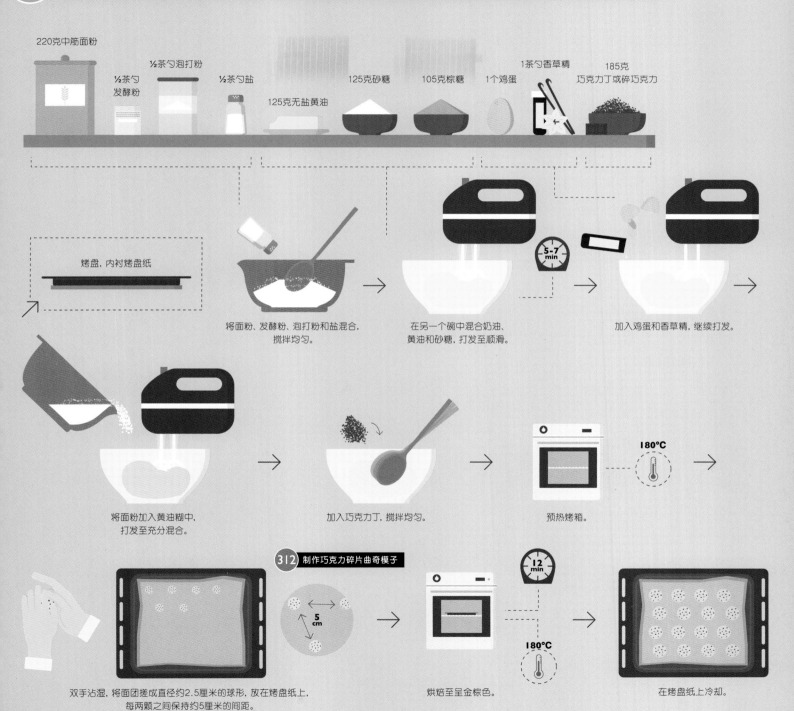

烤盘, 内衬烤盘纸

将面粉、发酵粉、泡打粉和盐混合,
搅拌均匀。

在另一个碗中混合奶油、
黄油和砂糖,打发至顺滑。

5-7 min

加入鸡蛋和香草精,继续打发。

将面粉加入黄油糊中,
打发至充分混合。

加入巧克力丁,搅拌均匀。

180℃

预热烤箱。

312 制作巧克力碎片曲奇模子

5 cm

双手沾湿,将面团搓成直径约2.5厘米的球形,放在烤盘纸上,
每两颗之间保持约5厘米的间距。

12 min

180℃

烘焙至呈金棕色。

在烤盘纸上冷却。

151

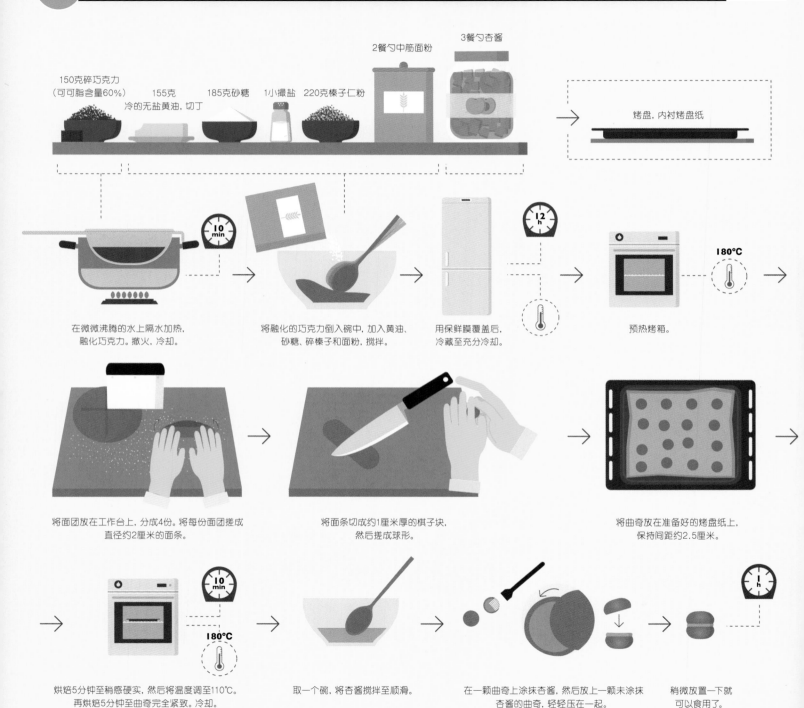

150克碎巧克力
（可可脂含量60%）

155克
冷的无盐黄油,切丁

185克砂糖

1小撮盐

220克榛子仁粉

2餐勺中筋面粉

3餐勺杏酱

烤盘,内衬烤盘纸

10 min

12 h

180℃

在微微沸腾的水上隔水加热,
融化巧克力。撤火,冷却。

将融化的巧克力倒入碗中,加入黄油、
砂糖、碎榛子和面粉,搅拌。

用保鲜膜覆盖后,
冷藏至充分冷却。

预热烤箱。

将面团放在工作台上,分成4份。将每份面团搓成
直径约2厘米的面条。

将面条切成约1厘米厚的棋子块,
然后搓成球形。

将曲奇放在准备好的烤盘纸上,
保持间距约2.5厘米。

10 min

180℃

1 h

烘焙5分钟至稍感硬实,然后将温度调至110℃。
再烘焙5分钟至曲奇完全紧致。冷却。

取一个碗,将杏酱搅拌至顺滑。

在一颗曲奇上涂抹杏酱,然后放上一颗未涂抹
杏酱的曲奇,轻轻压在一起。

稍微放置一下就
可以食用了。

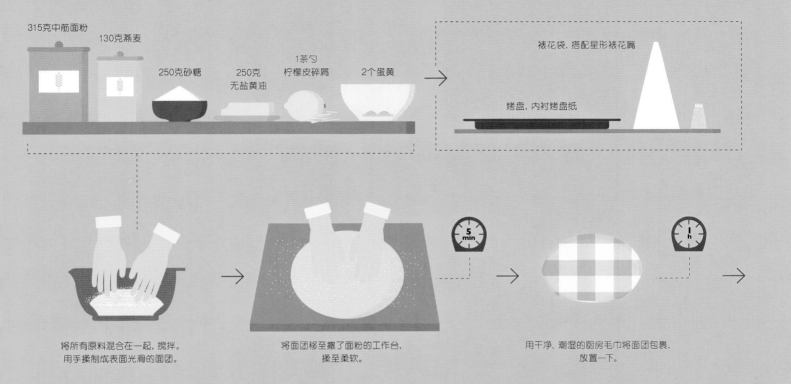

315克中筋面粉

130克燕麦

250克砂糖

250克无盐黄油

1茶勺柠檬皮碎屑

2个蛋黄

裱花袋，搭配星形裱花嘴

烤盘，内衬烤盘纸

将所有原料混合在一起，搅拌。
用手揉制成表面光滑的面团。

将面团移至撒了面粉的工作台，
揉至柔软。

5 min

用干净、潮湿的厨房毛巾将面团包裹，
放置一下。

1 h

预热烤箱。

180℃

将面团装入配了星形裱花嘴的裱花袋中，在烤盘纸上挤出直径
约5厘米的圆形曲奇，保持间距约5厘米。

烘焙至呈金棕色。冷却。

20 min

180℃

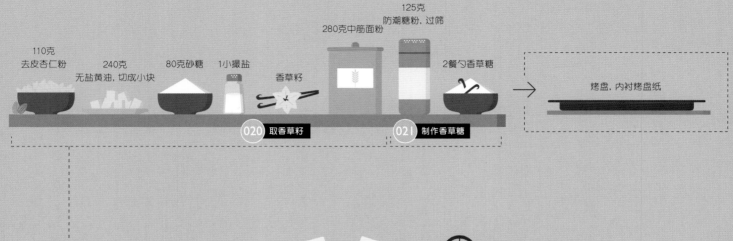

110克
去皮杏仁粉

240克
无盐黄油，切成小块

80克砂糖

1小撮盐

香草籽

280克中筋面粉

125克
防潮糖粉，过筛

2餐勺香草糖

020 取香草籽

021 制作香草糖

烤盘，内衬烤盘纸

5 min

将杏仁、黄油、砂糖、盐、香草籽和面粉混合，
用手揉制成光滑的面团。

将面团移至撒了面粉的操作台，
揉至柔软。

用保鲜膜包裹面团。

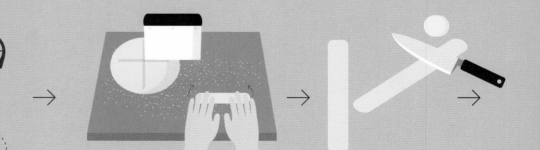

冷藏至冷却。

将面团取出放在工作台上，切成四份。每份面团揉成
直径约2厘米的面条。

将面条切成长约5厘米的小块。

将小面块揉成条形，两头尖。

将小面条弯成月牙形，放在准备好的烤盘纸上。

预热烤箱。

180℃

将月牙冷藏至充分冷却。

15 min

烘焙至坚硬。烤好的月牙应该呈现浅黄色。

15 min

150℃

将防潮糖粉和香草糖混合搅拌。

将月牙曲奇放入防潮糖粉中，使其表面均匀地挂上糖粉。

✳ 在密封的曲奇罐中可以保存2周。月牙曲奇可以保持柔软可口。

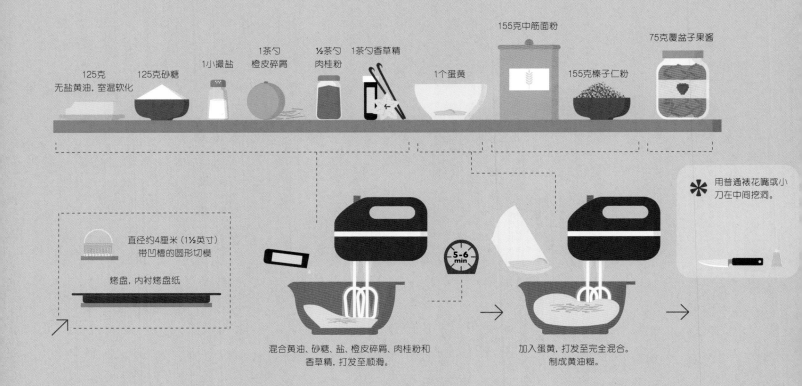

155克中筋面粉

75克覆盆子果酱

125克
无盐黄油,室温软化

125克砂糖

1小撮盐

1茶勺
橙皮碎屑

½茶勺
肉桂粉

1茶勺香草精

1个蛋黄

155克榛子仁粉

用普通裱花嘴或小
刀在中间挖洞。

直径约4厘米(1⅓英寸)
带凹槽的圆形切模

烤盘,内衬烤盘纸

5-6
min

混合黄油、砂糖、盐、橙皮碎屑、肉桂粉和
香草精,打发至顺滑。

加入蛋黄,打发至完全混合。
制成黄油糊。

在另一个碗中,将面粉和榛子仁粉混合,
搅拌均匀。

将面粉加到黄油糊中,搅拌至充分混合。

将面团移至撒了面粉的操作台,揉至柔软。

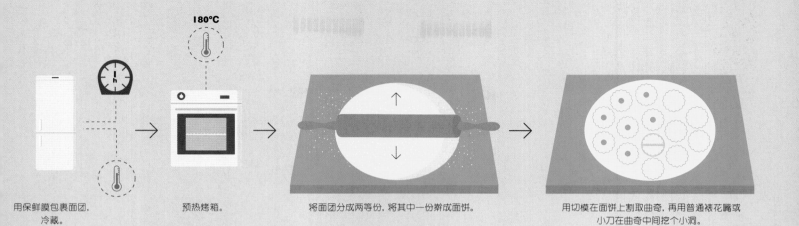

用保鲜膜包裹面团,
冷藏。

预热烤箱。

将面团分成两等份,将其中一份擀成面饼。

用切模在面饼上割取曲奇,再用普通裱花嘴或
小刀在曲奇中间挖个小洞。

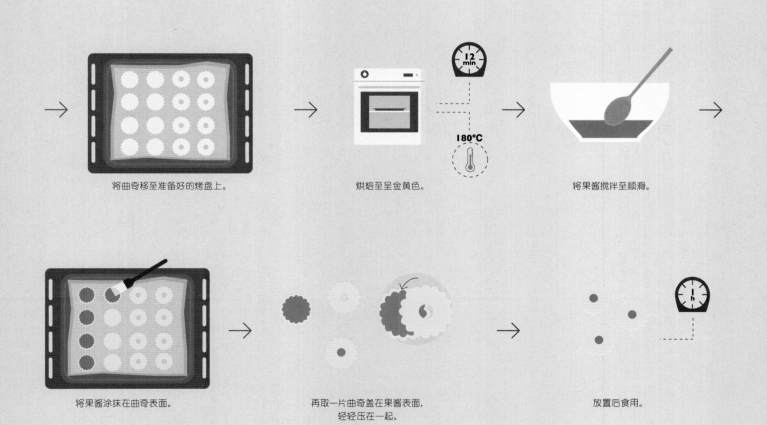

将曲奇移至准备好的烤盘上。

烘焙至呈金黄色。

将果酱搅拌至顺滑。

将果酱涂抹在曲奇表面。

再取一片曲奇盖在果酱表面,
轻轻压在一起。

放置后食用。

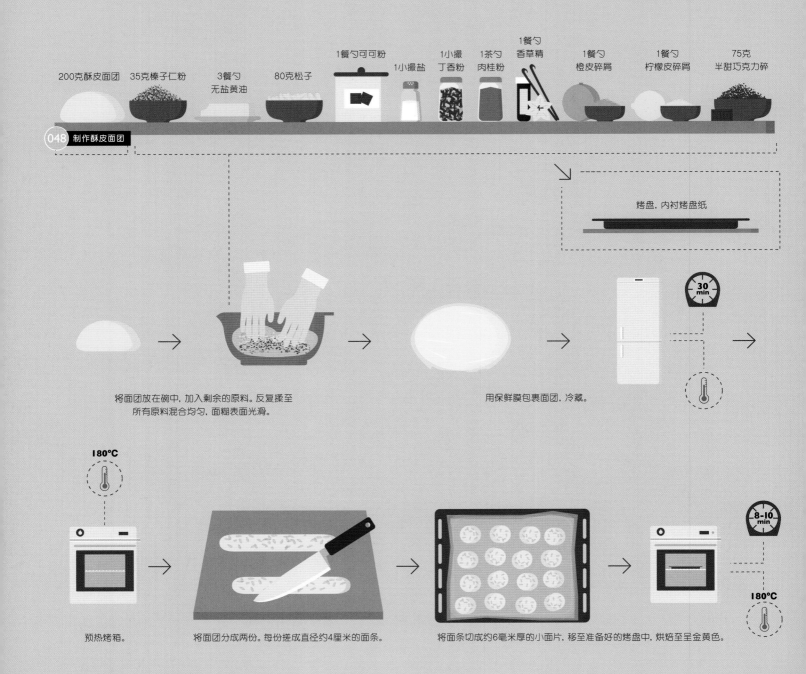

200克酥皮面团　35克榛子仁粉　3餐勺无盐黄油　80克松子　1餐勺可可粉　1小撮盐　1小撮丁香粉　1茶匙肉桂粉　1餐勺香草精　1餐勺橙皮碎屑　1餐勺柠檬皮碎屑　75克半甜巧克力碎

048 制作酥皮面团

烤盘,内衬烤盘纸

将面团放在碗中,加入剩余的原料。反复揉至所有原料混合均匀,面糊表面光滑。

用保鲜膜包裹面团,冷藏。

30 min

180℃

预热烤箱。

将面团分成两份。每份搓成直径约4厘米的面条。

将面条切成约6毫米厚的小面片,移至准备好的烤盘中,烘焙至呈金黄色。

8-10 min

180℃

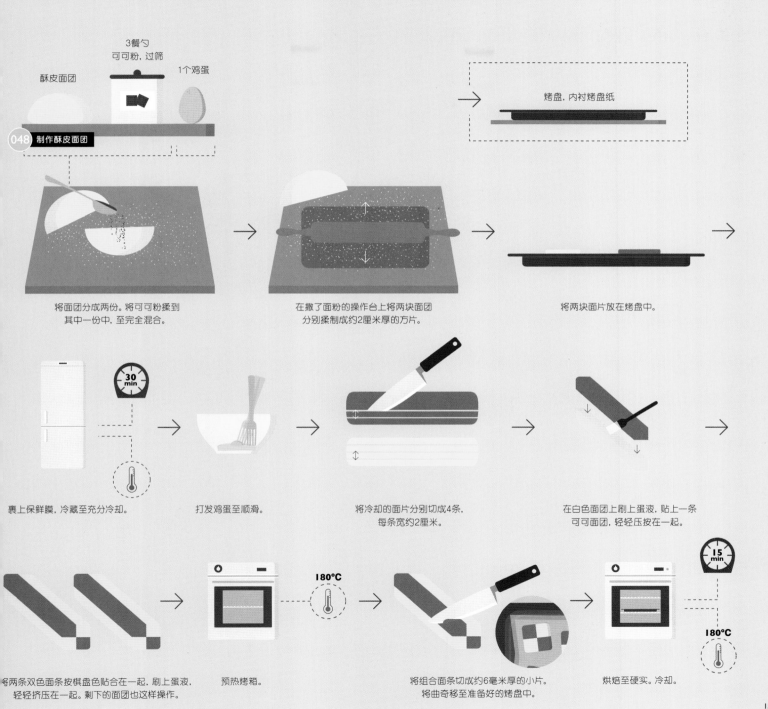

3餐勺
可可粉，过筛

1个鸡蛋

酥皮面团

048 制作酥皮面团

烤盘，内衬烤盘纸

将面团分成两份。将可可粉揉到
其中一份中，至完全混合。

在撒了面粉的操作台上将两块面团
分别揉制成约2厘米厚的方片。

将两块面片放在烤盘中。

30 min

裹上保鲜膜，冷藏至充分冷却。

打发鸡蛋至顺滑。

将冷却的面片分别切成4条，
每条宽约2厘米。

在白色面团上刷上蛋液，贴上一条
可可面团，轻轻压按在一起。

180°C

将两条双色面条按棋盘色贴合在一起，刷上蛋液，
轻轻挤压在一起。剩下的面团也这样操作。

预热烤箱。

将组合面条切成约6毫米厚的小片。
将曲奇移至准备好的烤盘中。

15 min

180°C

烘焙至硬实。冷却。

159

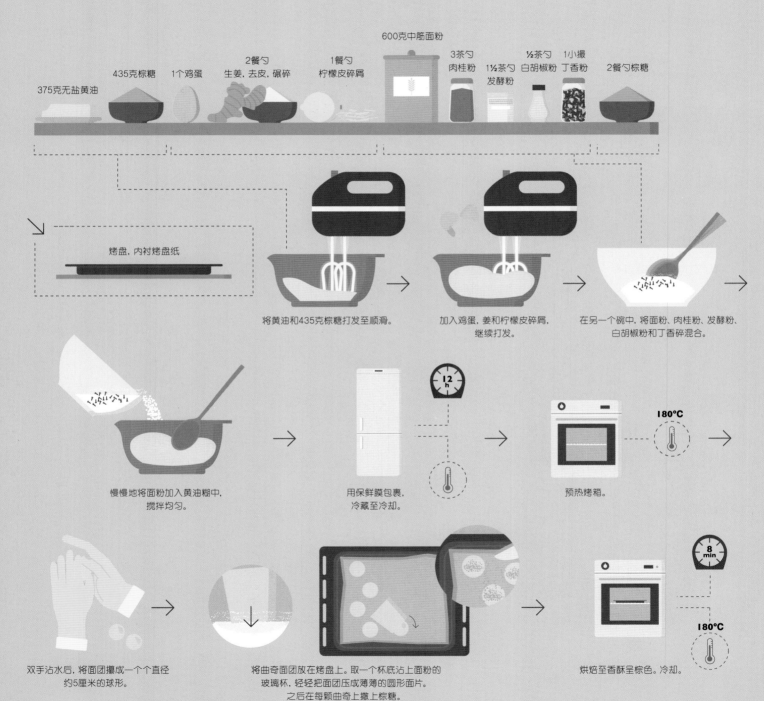

600克中筋面粉

375克无盐黄油

435克棕糖　　1个鸡蛋

2餐勺
生姜, 去皮, 碾碎

1餐勺
柠檬皮碎屑

3茶勺
肉桂粉
1½茶勺
发酵粉

½茶勺
白胡椒粉

1小撮
丁香粉

2餐勺棕糖

烤盘, 内衬烤盘纸

将黄油和435克棕糖打发至顺滑。

加入鸡蛋, 姜和柠檬皮碎屑,
继续打发。

在另一个碗中, 将面粉, 肉桂粉, 发酵粉,
白胡椒粉和丁香碎混合。

慢慢地将面粉加入黄油糊中,
搅拌均匀。

用保鲜膜包裹,
冷藏至冷却。

12 h

180°C

预热烤箱。

双手沾水后, 将面团攥成一个个直径
约5厘米的球形。

将曲奇面团放在烤盘上。取一个杯底沾上面粉的
玻璃杯, 轻轻把面团压成薄薄的圆形面片。
之后在每颗曲奇上撒上棕糖。

8 min

180°C

烘焙至香酥呈棕色。冷却。

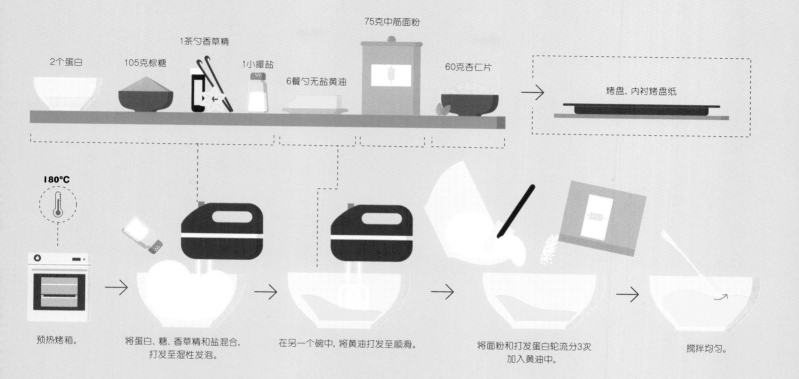

2个蛋白　　105克棕糖　　1茶勺香草精　　1小撮盐　　75克中筋面粉　　6餐勺无盐黄油　　60克杏仁片　　烤盘,内衬烤盘纸

180℃

预热烤箱。

将蛋白、糖、香草精和盐混合,
打发至湿性发泡。

在另一个碗中,将黄油打发至顺滑。

将面粉和打发蛋白轮流分3次
加入黄油中。

搅拌均匀。

✳ 不要一次烘焙太多片薄脆曲
奇,因为塑形要趁热。

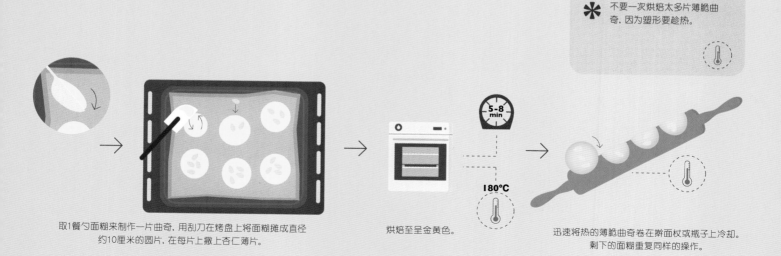

取1餐勺面糊来制作一片曲奇,用刮刀在烤盘上将面糊摊成直径
约10厘米的圆片。在每片上撒上杏仁薄片。

烘焙至呈金黄色。

5-8 min

180℃

迅速将热的薄脆曲奇卷在擀面杖或瓶子上冷却。
剩下的面糊重复同样的操作。

4个蛋白　　1小撮盐　　125克防潮糖粉　　90克无盐黄油　　1餐勺香草精　　90克中筋面粉　　90克 半甜巧克力，切碎　　2餐勺无盐黄油

烤盘，内衬烤盘纸

220°C

预热烤箱。

将蛋白和盐混合打发至干性发泡。

在另一个碗中将黄油、砂糖和香草精混合打发至顺滑。

一边搅拌一边将面粉加入黄油糊中。

慢慢将打发的蛋白加入黄油糊中。

每次取一餐勺面糊倒在烤盘上，用勺子背面将面糊摊成直径约8厘米的圆片。

3 - 4 min

220°C

烘焙至呈金黄色。

迅速将热曲奇裹在圆木勺的勺把上，做成中空的卷状。

在烤架上冷却。剩下的面糊重复这个操作。

在微微沸腾的水上隔水加热融化巧克力和2餐勺黄油。

用香烟卷曲奇的一端蘸取巧克力酱，之后放置在烤架上冷却凝固。

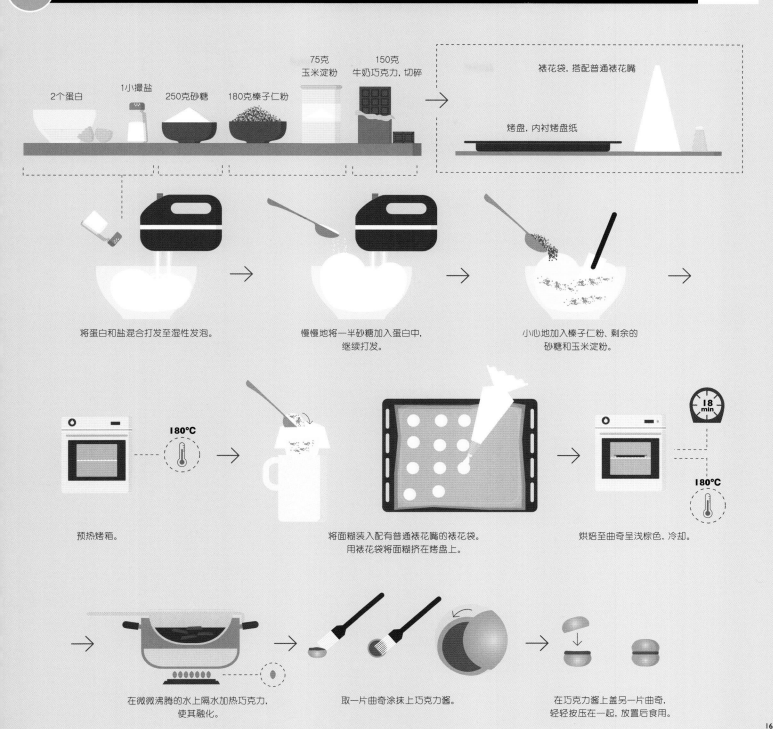

2个蛋白　　1小撮盐　　250克砂糖　　180克榛子仁粉

75克
玉米淀粉

150克
牛奶巧克力,切碎

裱花袋,搭配普通裱花嘴

烤盘,内衬烤盘纸

将蛋白和盐混合打发至湿性发泡。

慢慢地将一半砂糖加入蛋白中,
继续打发。

小心地加入榛子仁粉、剩余的
砂糖和玉米淀粉。

180℃

预热烤箱。

将面糊装入配有普通裱花嘴的裱花袋。
用裱花袋将面糊挤在烤盘上。

18 min

180℃

烘焙至曲奇呈浅棕色,冷却。

在微微沸腾的水上隔水加热巧克力,
使其融化。

取一片曲奇涂抹上巧克力酱。

在巧克力酱上盖另一片曲奇,
轻轻按压在一起,放置后食用。

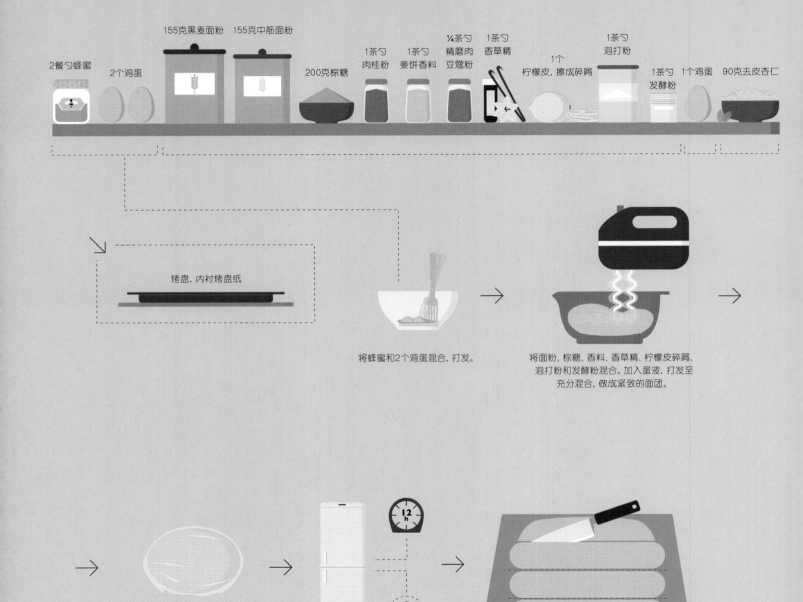

2餐勺蜂蜜　2个鸡蛋　155克黑麦面粉　155克中筋面粉　200克棕糖　1茶勺肉桂粉　1茶勺姜饼香料　¼茶勺精磨肉豆蔻粉　1茶勺香草精　1个柠檬皮，擦成碎屑　1茶勺泡打粉　1茶勺发酵粉　1个鸡蛋　90克去皮杏仁

烤盘，内衬烤盘纸

将蜂蜜和2个鸡蛋混合，打发。

将面粉、棕糖、香料、香草精、柠檬皮碎屑、泡打粉和发酵粉混合。加入蛋液，打发至充分混合，做成紧致的面团。

将面团用保鲜膜包裹，冷藏至冷却。

将面团放在工作台上，分割成四等份。将每一份面团揉制成直径约2厘米的细长条。

将面条切成约1厘米厚的面片。

将面片移至准备好的烤盘上。

预热烤箱。

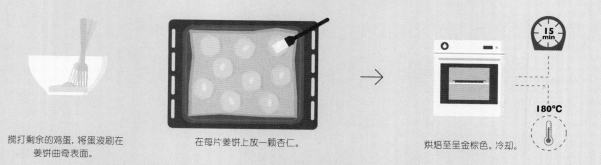

搅打剩余的鸡蛋，将蛋液刷在姜饼曲奇表面。

在每片姜饼上放一颗杏仁。

烘焙至呈金棕色。冷却。

203 制作姜饼人 prepare gingerbread men

在撒了面粉的操作台上将冷却的姜饼面团擀成约2厘米厚的面饼。

用姜饼人曲奇切模在面饼上割取小人形状的面片，将面片移至内衬烤盘纸的烤盘中。

烘焙至呈金棕色。冷却。

用杏仁、皇家蛋白糖霜、小糖果或葡萄干装饰姜饼人。

305 制作皇家蛋白糖霜

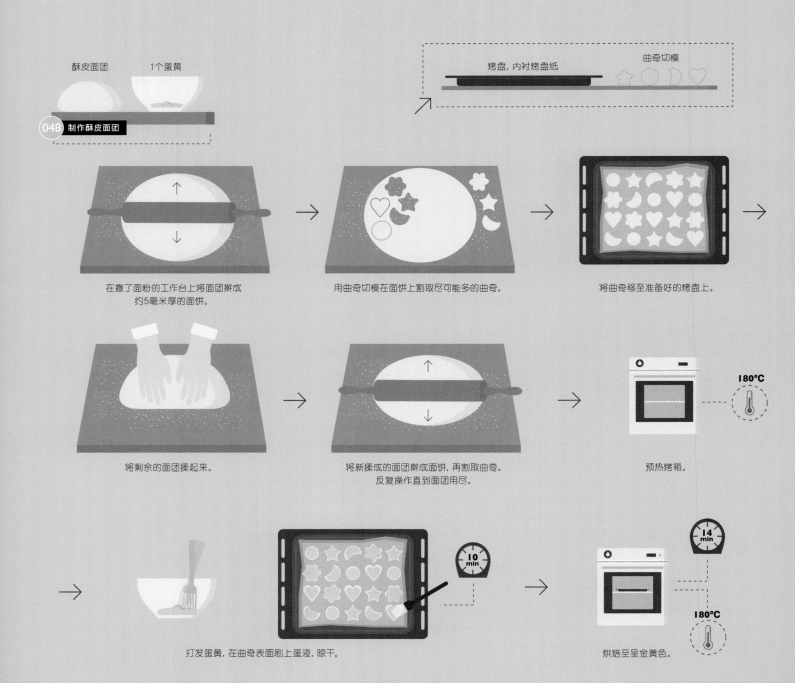

酥皮面团　　　1个蛋黄

048 制作酥皮面团

烤盘, 内衬烤盘纸　　　曲奇切模

在撒了面粉的工作台上将面团擀成约5毫米厚的面饼。

用曲奇切模在面饼上割取尽可能多的曲奇。

将曲奇移至准备好的烤盘上。

将剩余的面团揉起来。

将新揉成的面团擀成面饼, 再割取曲奇。反复操作直到面团用尽。

预热烤箱。

180℃

打发蛋黄, 在曲奇表面刷上蛋液, 晾干。

10 min

烘焙至呈金黄色。

14 min

180℃

3餐勺
去皮的整粒杏仁

在烘焙之前, 给曲奇刷上蛋黄液之后, 在每片曲奇上
装饰上杏仁, 轻轻地压进面团中。

206 用肉桂防潮糖粉点缀曲奇
decorate cookies with cinnamon sugar

2餐勺
防潮糖粉, 过筛

1茶勺肉桂粉

将防潮糖粉和肉桂粉混合搅拌。

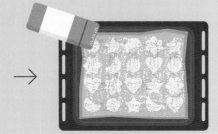

烘烤前将肉桂防潮糖粉撒在曲奇表面。

125克防潮糖粉

2餐勺   食用色素
彩色糖粒   啫喱

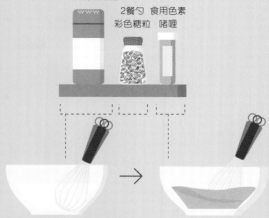

将防潮糖粉和3餐勺温水混合, 搅拌至防潮糖粉完全溶解。
如果喜欢的话可以加入几滴食用色素。

在曲奇表面刷上糖霜, 点缀上彩色糖粒, 晾干。

167

208 用糖渍橙皮碎屑点缀曲奇
decorate cookies with candied orange zest

1餐勺橙皮碎屑　　糖渍橙皮,切成4块

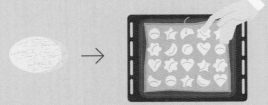

029　制作糖渍橙皮

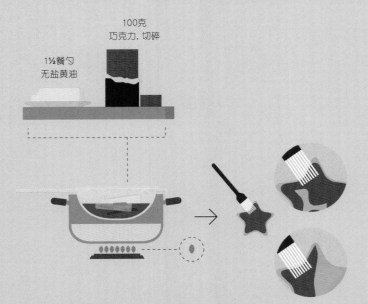

将新鲜橙皮碎屑揉进面团中。

烘烤前在每片曲奇上点缀糖渍橙皮,
轻轻地把糖渍橙皮压进面团中。

209 用巧克力糖霜点缀曲奇
decorate cookies with chocolate icing

100克
巧克力,切碎

1½餐勺
无盐黄油

在微微沸腾的水上隔水加热巧克力和黄油,
使其融化。搅拌。

将巧克力糖霜刷在冷却的曲奇表面。

210 用巧克力图形点缀曲奇
decorate cookies with chocolate pattern

100克
巧克力,切碎

1½餐勺
无盐黄油

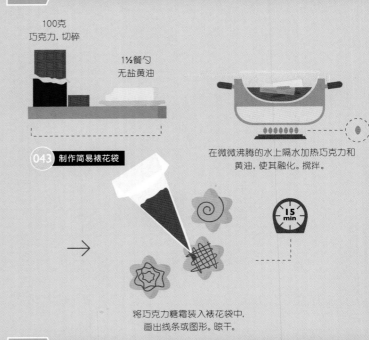

在微微沸腾的水上隔水加热巧克力和
黄油,使其融化。搅拌。

043　制作简易裱花袋

15 min

将巧克力糖霜装入裱花袋中,
画出线条或图形。晾干。

211 制作果酱夹心曲奇
fill cookies with jam

3餐勺果酱
(如覆盆子酱或草莓酱)

将果酱放在碗中,搅拌至顺滑。
取一片曲奇,涂抹果酱。

将另一片曲奇盖在果酱上,轻轻将两片
曲奇按压在一起。

放置凝固后食用。

305 制作皇家蛋白糖霜　　306 制作彩色皇家蛋白糖霜

(043) 制作简易裱花袋

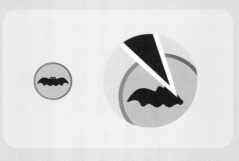

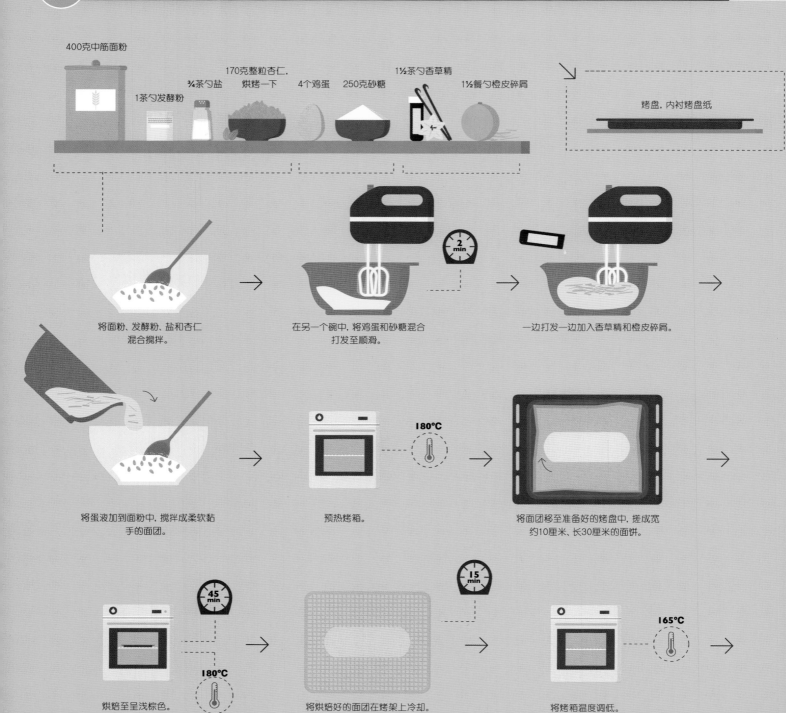

400克中筋面粉

1茶勺发酵粉

¾茶勺盐

170克整粒杏仁, 烘烤一下

4个鸡蛋

250克砂糖

1½茶勺香草精

1½餐勺橙皮碎屑

烤盘, 内衬烤盘纸

将面粉、发酵粉、盐和杏仁混合搅拌。

2 min

在另一个碗中, 将鸡蛋和砂糖混合打发至顺滑。

一边打发一边加入香草精和橙皮碎屑。

将蛋液加到面粉中, 搅拌成柔软黏手的面团。

180°C

预热烤箱。

将面团移至准备好的烤盘中, 搓成宽约10厘米、长30厘米的面饼。

45 min

180°C

烘焙至呈浅棕色。

15 min

将烘焙好的面团在烤架上冷却。

165°C

将烤箱温度调低。

在操作台上将烤制过的面饼用一把长刀切成约12毫米厚的面片。把切好的面片放在内衬烤盘纸的烤盘上。

烘焙脆饼,每隔15分钟翻一次面。冷却。

30 min

165℃

✱ 意大利脆饼在密封容器中可以保存2周。

制作杏仁沙曲奇 make almond sand cookies

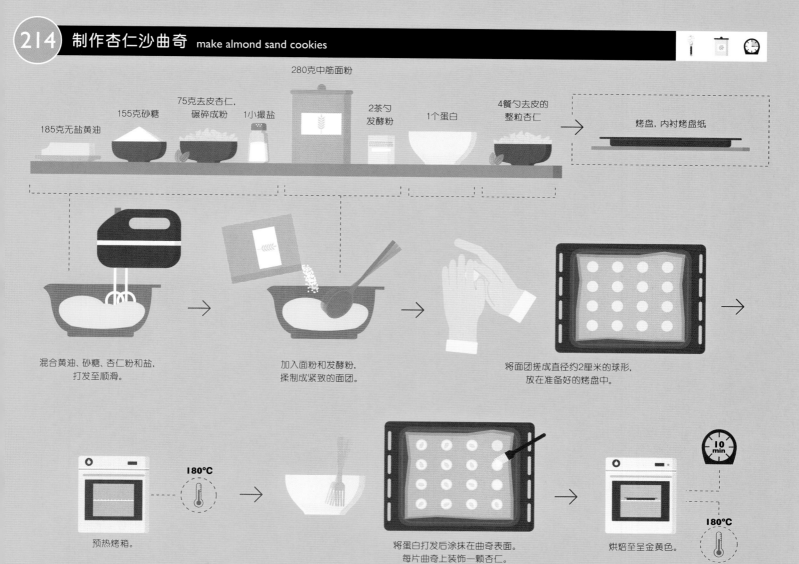

280克中筋面粉

185克无盐黄油　155克砂糖　75克去皮杏仁,碾碎成粉　1小撮盐　2茶勺发酵粉　1个蛋白　4餐勺去皮的整粒杏仁

烤盘,内衬烤盘纸

混合黄油、砂糖、杏仁粉和盐,打发至顺滑。

加入面粉和发酵粉,揉制成紧致的面团。

将面团搓成直径约2厘米的球形,放在准备好的烤盘中。

180℃

预热烤箱。

将蛋白打发后涂抹在曲奇表面。每片曲奇上装饰一颗杏仁。

烘焙至呈金黄色。

10 min

180℃

171

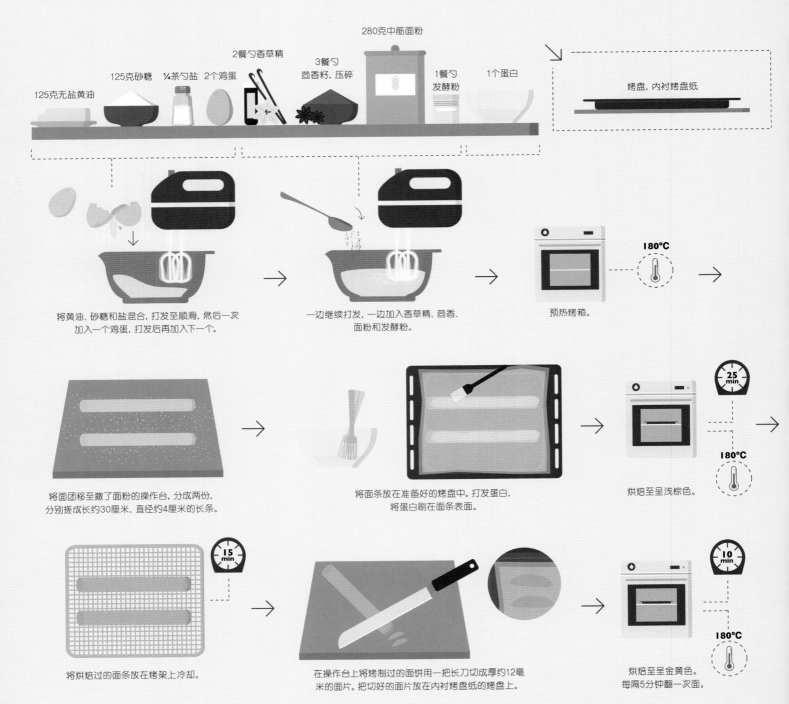

125克无盐黄油 125克砂糖 ¼茶勺盐 2个鸡蛋 2餐勺香草精 3餐勺茴香籽, 压碎 280克中筋面粉 1餐勺发酵粉 1个蛋白

烤盘, 内衬烤盘纸

180℃

将黄油、砂糖和盐混合, 打发至顺滑, 然后一次加入一个鸡蛋, 打发后再加入下一个。

一边继续打发, 一边加入香草精、茴香、面粉和发酵粉。

预热烤箱。

将面团移至撒了面粉的操作台, 分成两份, 分别搓成长约30厘米、直径约4厘米的长条。

将面条放在准备好的烤盘中。打发蛋白, 将蛋白刷在面条表面。

25 min

180℃

烘焙至呈浅棕色。

15 min

将烘焙过的面条放在烤架上冷却。

在操作台上将烤制过的面饼用一把长刀切成厚约12毫米的面片。把切好的面片放在内衬烤盘纸的烤盘上。

10 min

180℃

烘焙至呈金黄色。每隔5分钟翻一次面。

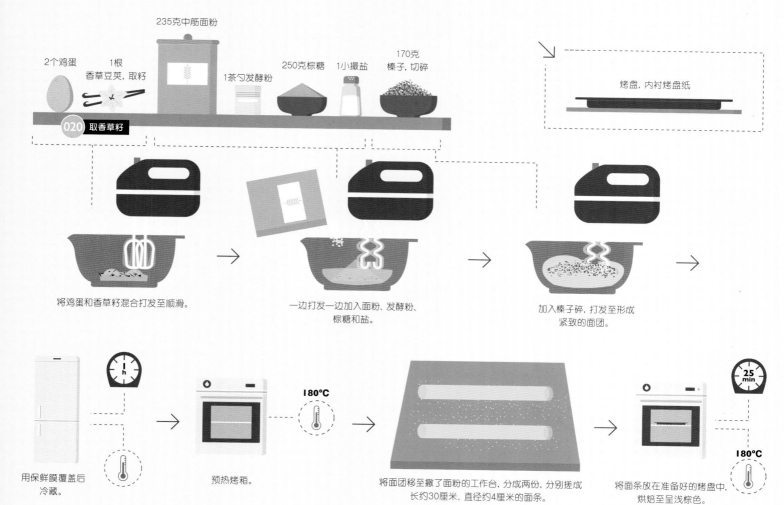

235克中筋面粉

2个鸡蛋

1根
香草豆荚，取籽

1茶匙发酵粉

250克棕糖

1小撮盐

170克
榛子，切碎

烤盘，内衬烤盘纸

020 取香草籽

将鸡蛋和香草籽混合打发至顺滑。

一边打发一边加入面粉、发酵粉、棕糖和盐。

加入榛子碎，打发至形成紧致的面团。

用保鲜膜覆盖后冷藏。

预热烤箱。

180℃

将面团移至撒了面粉的工作台，分成两份，分别搓成长约30厘米、直径约4厘米的面条。

将面条放在准备好的烤盘中，烘焙至呈浅棕色。

25 min

180℃

将烘焙过的面团放在烤架上冷却。

15 min

在操作台上将烤制过的面饼用一把长刀切成约12毫米厚的面片。把切好的面片放在内衬烤盘纸的烤盘上。

烘焙至呈金黄色。每隔5分钟翻一次面。

10 min

180℃

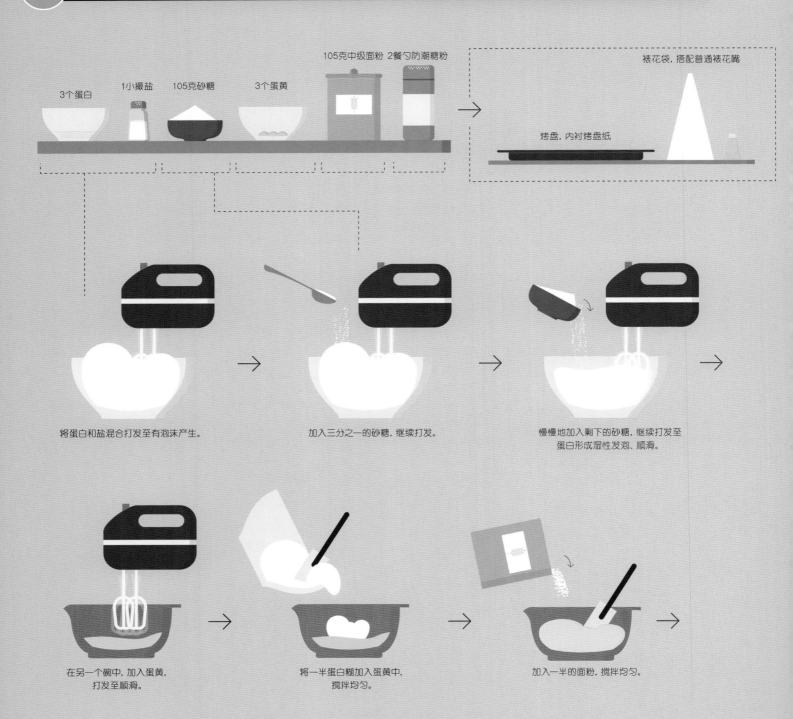

3个蛋白　　1小撮盐　　105克砂糖　　3个蛋黄　　105克中级面粉　2餐勺防潮糖粉

烤盘,内衬烤盘纸　　裱花袋,搭配普通裱花嘴

将蛋白和盐混合打发至有泡沫产生。

加入三分之一的砂糖,继续打发。

慢慢地加入剩下的砂糖,继续打发至蛋白形成湿性发泡、顺滑。

在另一个碗中,加入蛋黄,打发至顺滑。

将一半蛋白糖加入蛋黄中,搅拌均匀。

加入一半的面粉,搅拌均匀。

重复前面的操作，加入剩余的蛋白和面粉。　将面糊装入配了普通裱花嘴的裱花袋中。　在烤盘纸上挤出长约7.5厘米、宽2厘米的面条，中间保持一点间距。

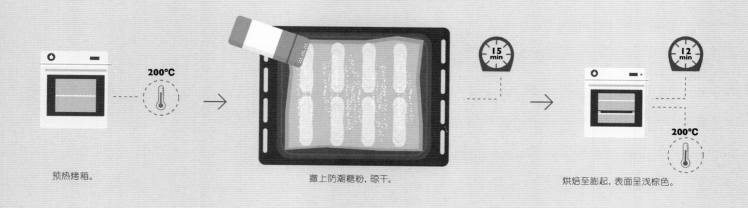

200℃

预热烤箱。　　　　撒上防潮糖粉，晾干。

15 min

12 min

200℃

烘焙至膨起，表面呈浅棕色。

关掉烤箱，用木勺撑开烤箱门，冷却。

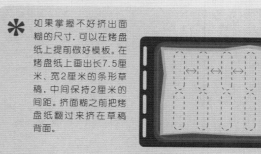

✳ 如果掌握不好挤出面糊的尺寸，可以在烤盘纸上提前做好模板。在烤盘纸上画出长7.5厘米、宽2厘米的条形草稿，中间保持2厘米的间距。挤面糊之前把烤盘纸翻过来挤在草稿背面。

制作巧克力手指饼 make chocolate ladyfingers

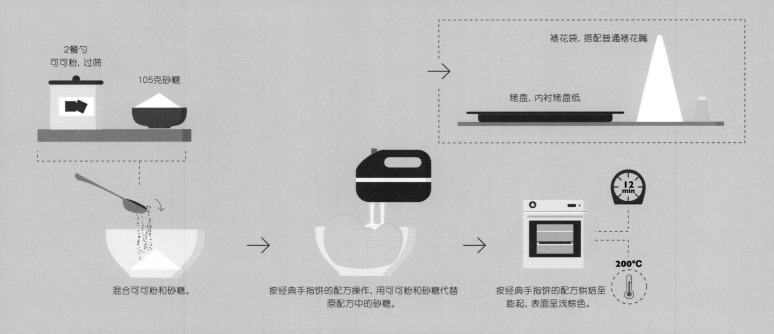

2餐勺
可可粉,过筛

105克砂糖

裱花袋,搭配普通裱花嘴

烤盘,内衬烤盘纸

12 min

200°C

混合可可粉和砂糖。

按经典手指饼的配方操作,用可可粉和砂糖代替
原配方中的砂糖。

按经典手指饼的配方烘焙至
膨起,表面呈浅棕色。

制作罗斯柴尔德手指饼 make rothschild ladyfingers

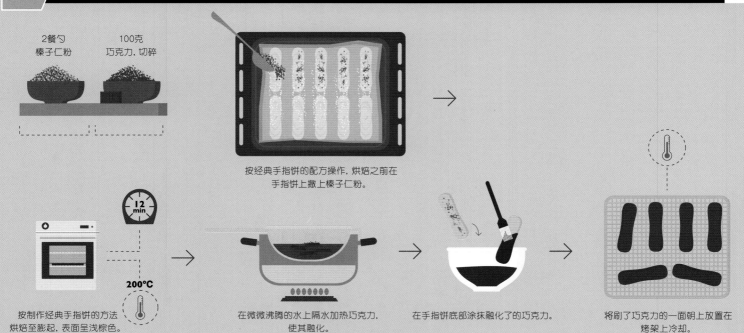

2餐勺
榛子仁粉

100克
巧克力,切碎

按经典手指饼的配方操作,烘焙之前在
手指饼上撒上榛子仁粉。

12 min

200°C

按制作经典手指饼的方法
烘焙至膨起,表面呈浅棕色。

在微微沸腾的水上隔水加热巧克力,
使其融化。

在手指饼底部涂抹融化了的巧克力。

将刷了巧克力的一面朝上放置在
烤架上冷却。

45毫升金巴利酒

4个蛋白　1小撮盐　155克砂糖

裱花袋,搭配普通裱花嘴

烤盘,内衬烤盘纸

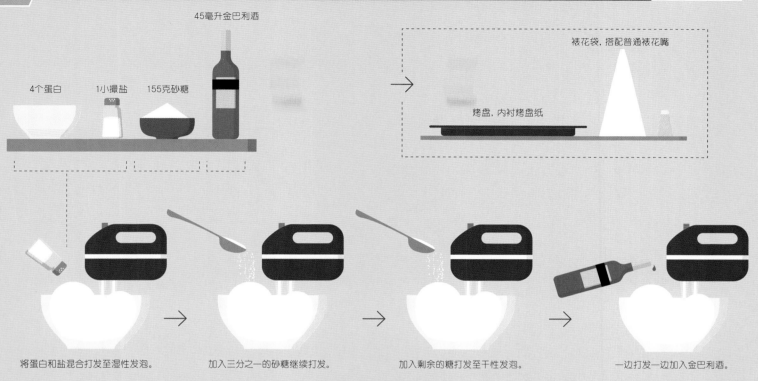

将蛋白和盐混合打发至湿性发泡。

加入三分之一的砂糖继续打发。

加入剩余的糖打发至干性发泡。

一边打发一边加入金巴利酒。

200℃

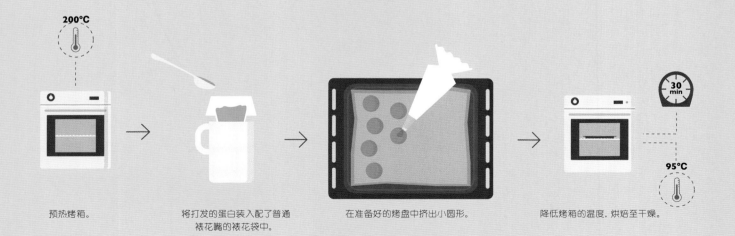

预热烤箱。

将打发的蛋白装入配了普通裱花嘴的裱花袋中。

在准备好的烤盘中挤出小圆形。

30 min

95℃

降低烤箱的温度,烘焙至干燥。

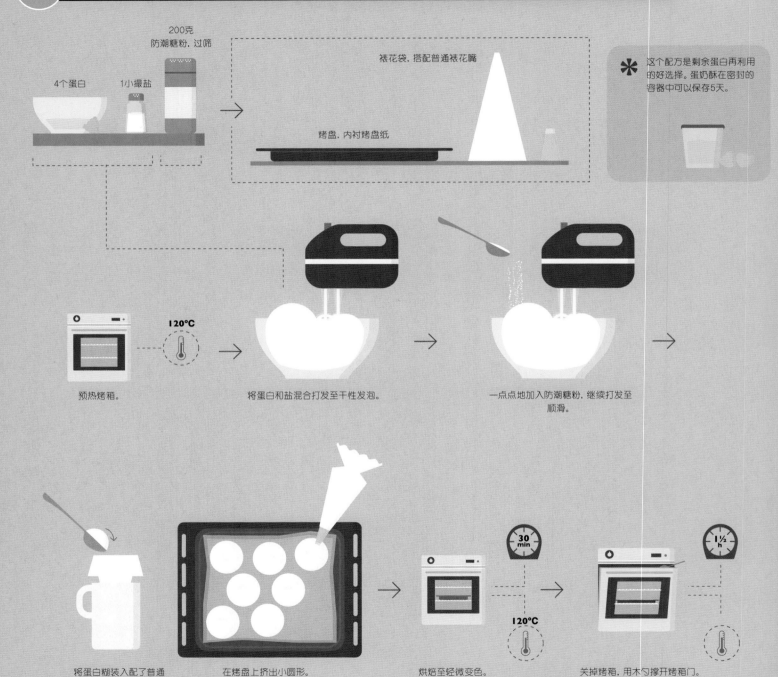

4个蛋白　　1小撮盐　　200克
防潮糖粉, 过筛

裱花袋, 搭配普通裱花嘴

烤盘, 内衬烤盘纸

* 这个配方是剩余蛋白再利用的好选择。蛋奶酥在密封的容器中可以保存5天。

120°C

预热烤箱。

将蛋白和盐混合打发至干性发泡。

一点点地加入防潮糖粉, 继续打发至顺滑。

将蛋白糊装入配了普通裱花嘴的裱花袋中。

在烤盘上挤出小圆形。

烘焙至轻微变色。

30 min

120°C

关掉烤箱, 用木勺撑开烤箱门。彻底冷却。

1½ h

60克覆盆子

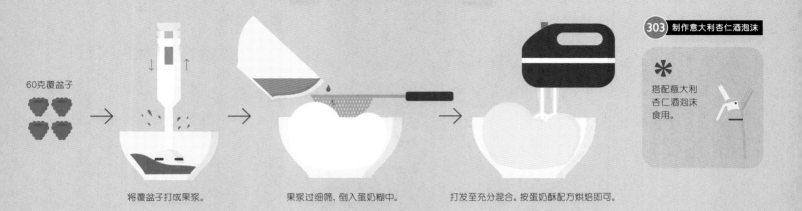

将覆盆子打成果浆。

果浆过细筛，倒入蛋奶糊中。

打发至充分混合。按蛋奶酥配方烘焙即可。

303 制作意大利杏仁酒泡沫

✳ 搭配意大利杏仁酒泡沫食用。

223 | 制作榛子蛋奶酥 make hazelnut meringues ⓘ

200克榛子仁，烘烤，去皮，切碎

预留出1餐勺榛子碎。将剩余的榛子碎加入蛋奶糊中，搅拌均匀。

在每颗蛋奶酥表面撒一点榛子碎。

30 min

120℃

按蛋奶酥配方烘焙即可。

298 制作水果酱汁

✳ 搭配水果酱汁食用。

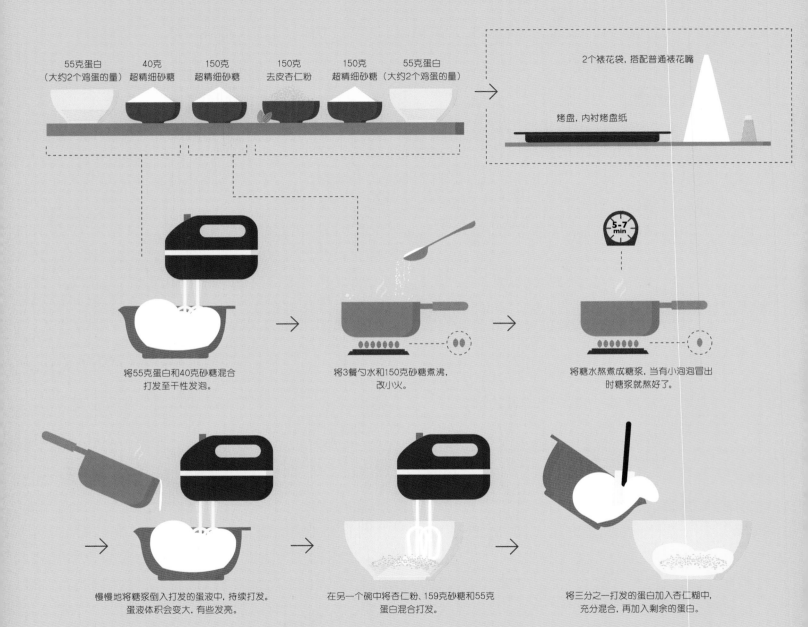

55克蛋白（大约2个鸡蛋的量）　40克超精细砂糖　150克超精细砂糖　150克去皮杏仁粉　150克超精细砂糖（大约2个鸡蛋的量）　55克蛋白

2个裱花袋，搭配普通裱花嘴

烤盘，内衬烤盘纸

将55克蛋白和40克砂糖混合打发至干性发泡。

将3餐勺水和150克砂糖煮沸，改小火。

将糖水熬煮成糖浆，当有小泡泡冒出时糖浆就熬好了。

慢慢地将糖浆倒入打发的蛋液中，持续打发。蛋液体积会变大，有些发亮。

在另一个碗中将杏仁粉、159克砂糖和55克蛋白混合打发。

将三分之一打发的蛋白加入杏仁糊中，充分混合，再加入剩余的蛋白。

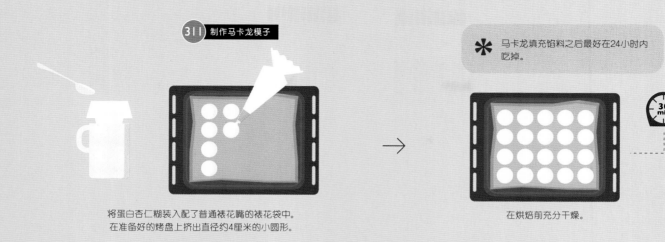

311 制作马卡龙模子

❋ 马卡龙填充馅料之后最好在24小时内吃掉。

30 min

将蛋白杏仁糊装入配了普通裱花嘴的裱花袋中。在准备好的烤盘上挤出直径约4厘米的小圆形。

在烘焙前充分干燥。

200°C

18 min

150°C

预热烤箱。

降低温度，烘焙至膨起。烘焙后马卡龙不会变色。

关掉烤箱，用木勺撑开烤箱门。冷却。

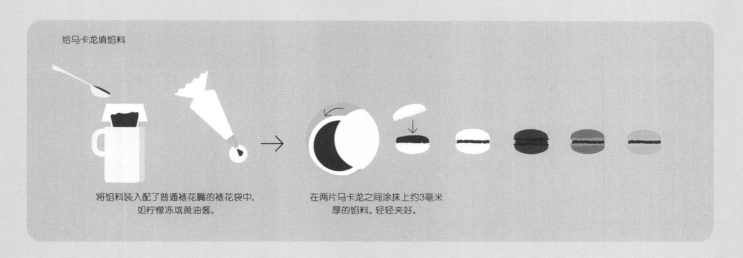

给马卡龙填馅料

将馅料装入配了普通裱花嘴的裱花袋中，如柠檬冻或黄油酱。

在两片马卡龙之间涂抹上约3毫米厚的馅料。轻轻夹好。

225 制作肉桂马卡龙 make cinnamon macarons

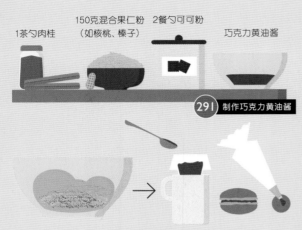

1茶勺肉桂　　150克混合果仁粉　2餐勺可可粉　　巧克力黄油酱
　　　　　　　（如核桃、榛子）

291 制作巧克力黄油酱

按前述配方准备马卡龙，用果仁粉
代替杏仁粉，在面糊中加入肉桂和
可可粉。按标准操作烘焙。

在马卡龙之间填充巧克力黄油酱。

226 制作柠檬马卡龙 make lemon macarons

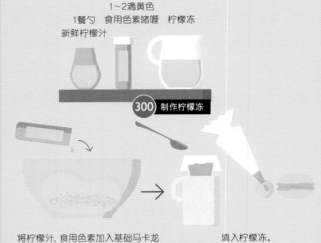

1~2滴黄色
1餐勺　食用色素啫喱　柠檬冻
新鲜柠檬汁

300 制作柠檬冻

将柠檬汁，食用色素加入基础马卡龙
奶糊中，搅拌均匀，其他操作与
制作法式马卡龙相同。

填入柠檬冻。

227 制作巧克力马卡龙 make chocolate macarons

30克可可粉

巧克力黄油酱

291 制作巧克力黄油酱

在基础马卡龙蛋奶糊中加入
可可粉，其他操作与制作
法式马卡龙相同。

填入巧克力黄油酱。

228 制作覆盆子马卡龙 make raspberry macarons

1~2滴红色　　　覆盆子果酱
食用色素啫喱

将食用色素加入基础马卡龙
蛋奶糊中，其他操作与制作
法式马卡龙相同。

填入覆盆子果酱。

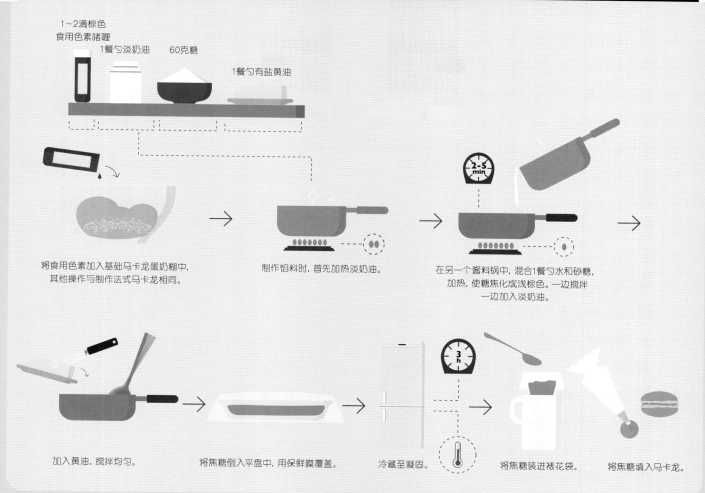

1~2滴棕色
食用色素啫喱
1餐勺淡奶油　60克糖
1餐勺有盐黄油

将食用色素加入基础马卡龙蛋奶糊中，其他操作与制作法式马卡龙相同。

制作馅料时，首先加热淡奶油。

在另一个酱料锅中，混合1餐勺水和砂糖，加热，使糖焦化成浅棕色。一边搅拌一边加入淡奶油。

加入黄油，搅拌均匀。

将焦糖倒入平盘中，用保鲜膜覆盖。

冷藏至凝固。

将焦糖装进裱花袋。

将焦糖填入马卡龙。

230 制作摩卡咖啡马卡龙 make mocha macarons

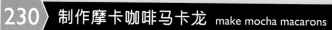

1~2滴棕色
食用色素啫喱
巧克力黄油酱
2餐勺
意式浓咖啡

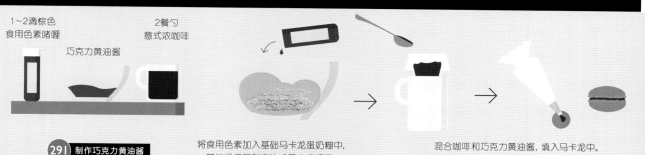

291 制作巧克力黄油酱

将食用色素加入基础马卡龙蛋奶糊中，其他操作与制作法式马卡龙相同。

混合咖啡和巧克力黄油酱，填入马卡龙中。

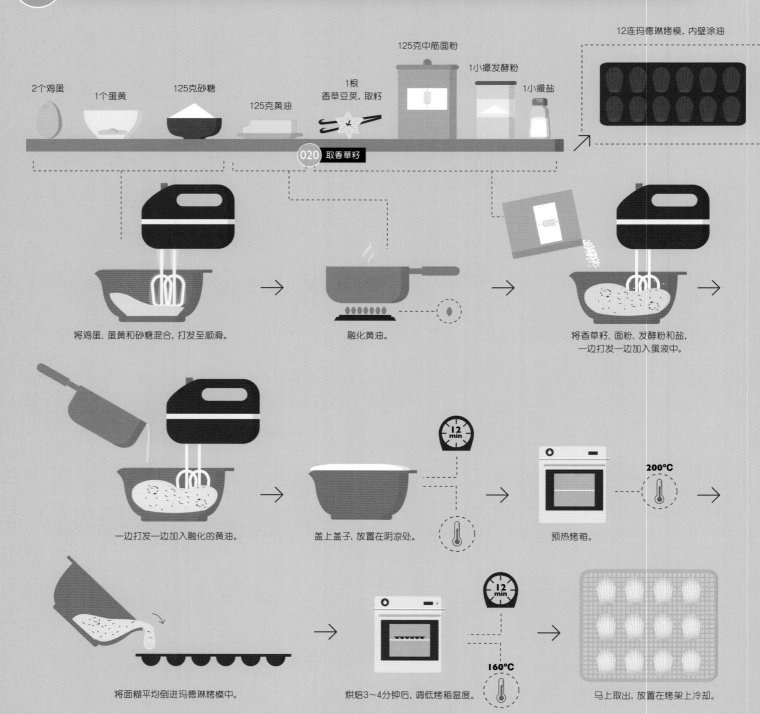

2个鸡蛋 1个蛋黄 125克砂糖 125克黄油 1根香草豆荚, 取籽 125克中筋面粉 1小撮发酵粉 1小撮盐 12连玛德琳烤模, 内壁涂油

020 取香草籽

将鸡蛋、蛋黄和砂糖混合, 打发至顺滑。

融化黄油。

将香草籽、面粉、发酵粉和盐, 一边打发一边加入蛋液中。

一边打发一边加入融化的黄油。

盖上盖子, 放置在阴凉处。

12 min

预热烤箱。

200℃

将面糊平均倒进玛德琳烤模中。

烘焙3~4分钟后, 调低烤箱温度。

12 min

160℃

马上取出, 放置在烤架上冷却。

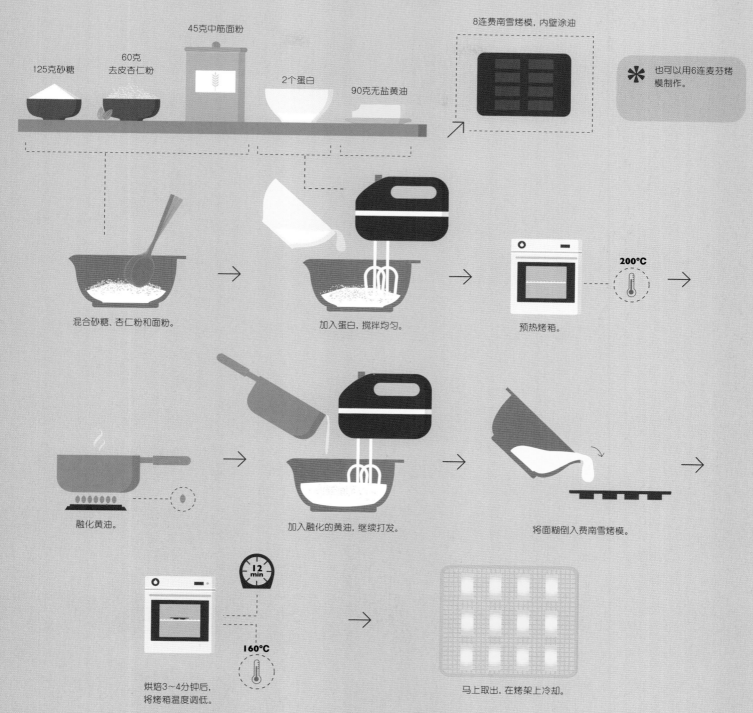

125克砂糖

60克
去皮杏仁粉

45克中筋面粉

2个蛋白

90克无盐黄油

8连费南雪烤模, 内壁涂油

✳ 也可以用6连麦芬烤
模制作。

混合砂糖、杏仁粉和面粉。

加入蛋白, 搅拌均匀。

200°C

预热烤箱。

融化黄油。

加入融化的黄油, 继续打发。

将面糊倒入费南雪烤模。

12
min

160°C

烘焙3~4分钟后,
将烤箱温度调低。

马上取出, 在烤架上冷却。

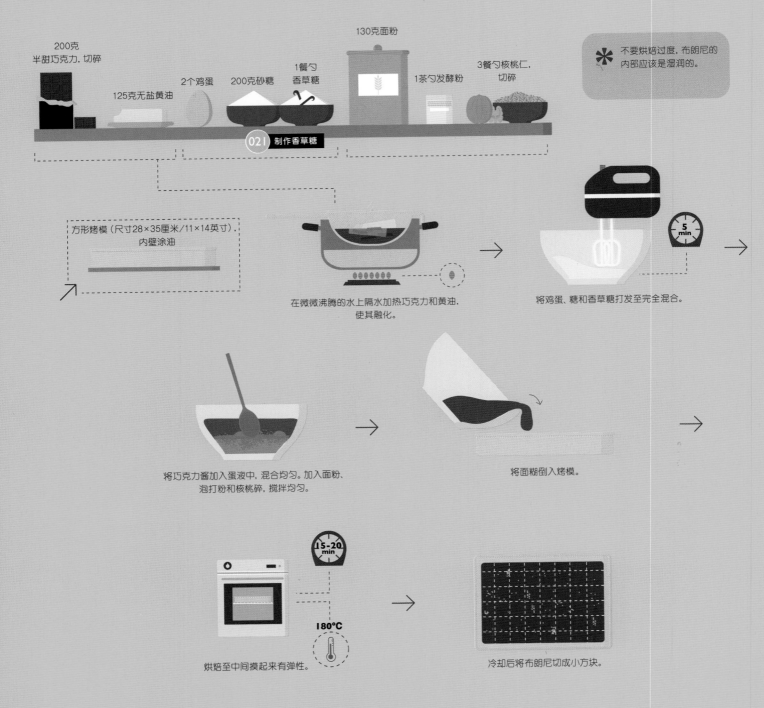

200克
半甜巧克力, 切碎

125克无盐黄油

2个鸡蛋

200克砂糖

1餐勺
香草糖

130克面粉

1茶勺发酵粉

3餐勺核桃仁,
切碎

不要烘焙过度, 布朗尼的
内部应该是湿润的。

021 制作香草糖

方形烤模 (尺寸28×35厘米/11×14英寸),
内壁涂油

在微微沸腾的水上隔水加热巧克力和黄油,
使其融化。

5 min

将鸡蛋、糖和香草糖打发至完全混合。

将巧克力酱加入蛋液中, 混合均匀。加入面粉、
泡打粉和核桃碎, 搅拌均匀。

将面糊倒入烤模。

15-20 min

180℃

烘焙至中间摸起来有弹性。

冷却后将布朗尼切成小方块。

制作苹果面酥能量棒 make apple crumble bars

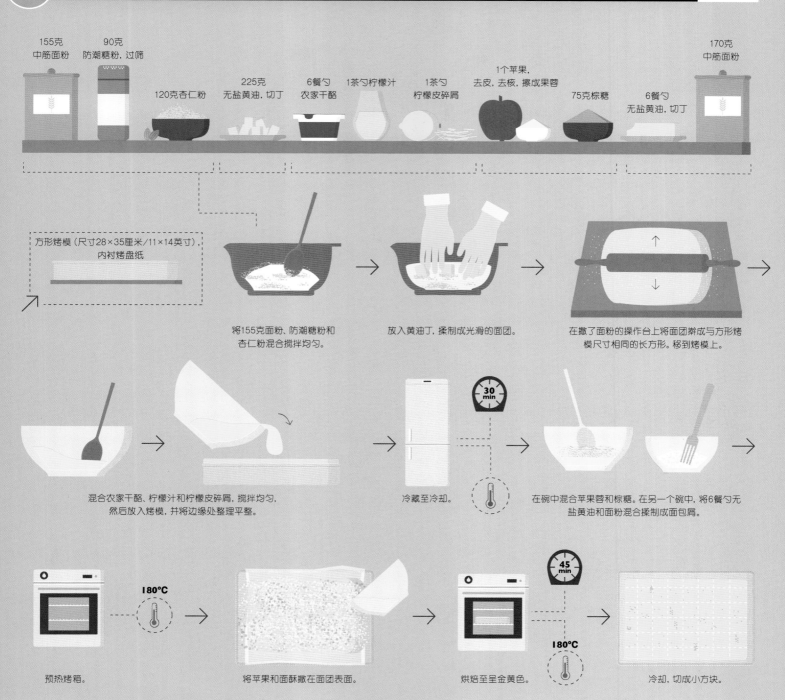

155克中筋面粉　90克防潮糖粉,过筛　120克杏仁粉　225克无盐黄油,切丁　6餐勺农家干酪　1茶勺柠檬汁　1茶勺柠檬皮碎屑　1个苹果,去皮,去核,擦成果蓉　75克棕糖　6餐勺无盐黄油,切丁　170克中筋面粉

方形烤模（尺寸28×35厘米/11×14英寸）,内衬烤盘纸

将155克面粉、防潮糖粉和杏仁粉混合搅拌均匀。

放入黄油丁,揉制成光滑的面团。

在撒了面粉的操作台上将面团擀成与方形烤模尺寸相同的长方形。移到烤模上。

混合农家干酪、柠檬汁和柠檬皮碎屑,搅拌均匀,然后放入烤模,并将边缘处整理平整。

冷藏至冷却。 30 min

在碗中混合苹果蓉和棕糖。在另一个碗中,将6餐勺无盐黄油和面粉混合揉制成面包屑。

预热烤箱。 180°C

将苹果和面酥撒在面团表面。

烘焙至呈金黄色。 45 min 180°C

冷却,切成小方块。

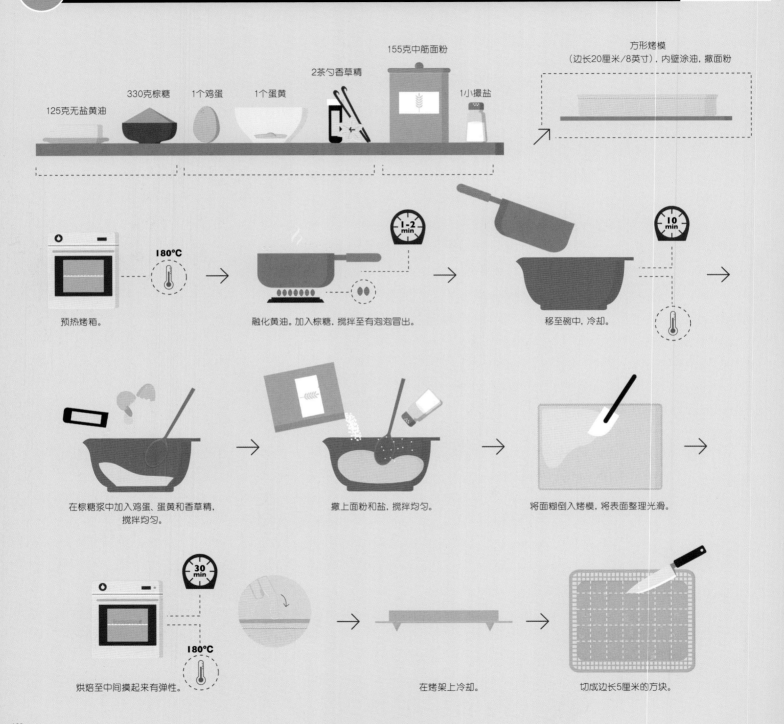

125克无盐黄油

330克棕糖

1个鸡蛋

1个蛋黄

2茶勺香草精

155克中筋面粉

1小撮盐

方形烤模
（边长20厘米/8英寸），内壁涂油，撒面粉

180℃

1-2 min

10 min

预热烤箱。

融化黄油。加入棕糖，搅拌至有泡泡冒出。

移至碗中，冷却。

在棕糖浆中加入鸡蛋、蛋黄和香草精，搅拌均匀。

撒上面粉和盐，搅拌均匀。

将面糊倒入烤模，将表面整理光滑。

30 min

180℃

烘焙至中间摸起来有弹性。

在烤架上冷却。

切成边长5厘米的方块。

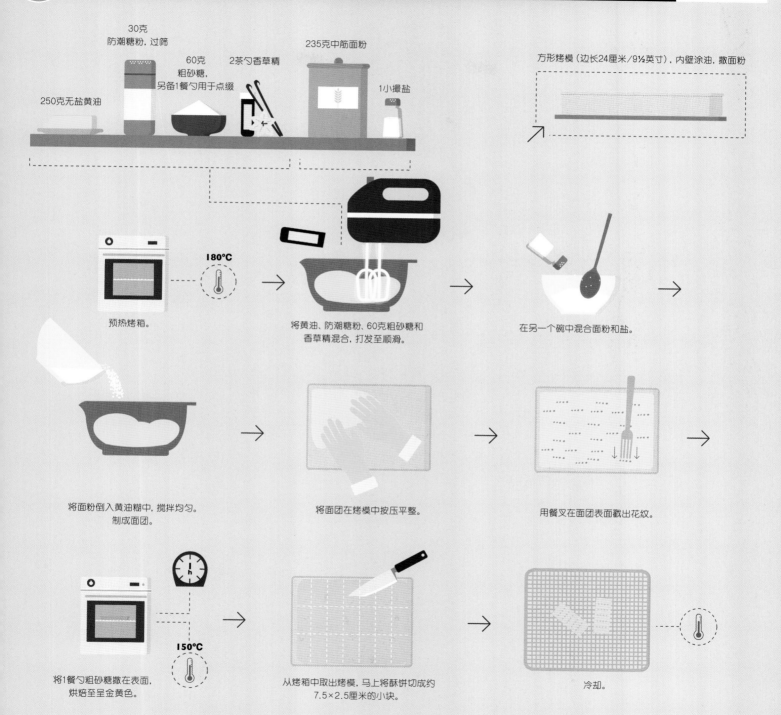

250克无盐黄油

30克
防潮糖粉, 过筛

60克
粗砂糖,
另备1餐勺用于点缀

2茶勺香草精

235克中筋面粉

1小撮盐

方形烤模（边长24厘米／9½英寸）, 内壁涂油, 撒面粉

180°C

预热烤箱。

将黄油、防潮糖粉、60克粗砂糖和
香草精混合, 打发至顺滑。

在另一个碗中混合面粉和盐。

将面粉倒入黄油糊中, 搅拌均匀。
制成面团。

将面团在烤模中按压平整。

用餐叉在面团表面戳出花纹。

150°C

将1餐勺粗砂糖撒在表面,
烘焙至呈金黄色。

从烤箱中取出烤模, 马上将酥饼切成约
7.5×2.5厘米的小块。

冷却。

特殊甜点

specialty desserts

德式馅饼面团，
尽可能地拉伸，越薄越好

185克无盐黄油

1千克苹果，去皮，
去核，切成薄片

2餐勺
鲜榨柠檬汁

3餐勺
香草糖

90克砂糖

1个鸡蛋

烤盘，内衬烤盘纸

055　制作德式馅饼面团

021　制作香草糖

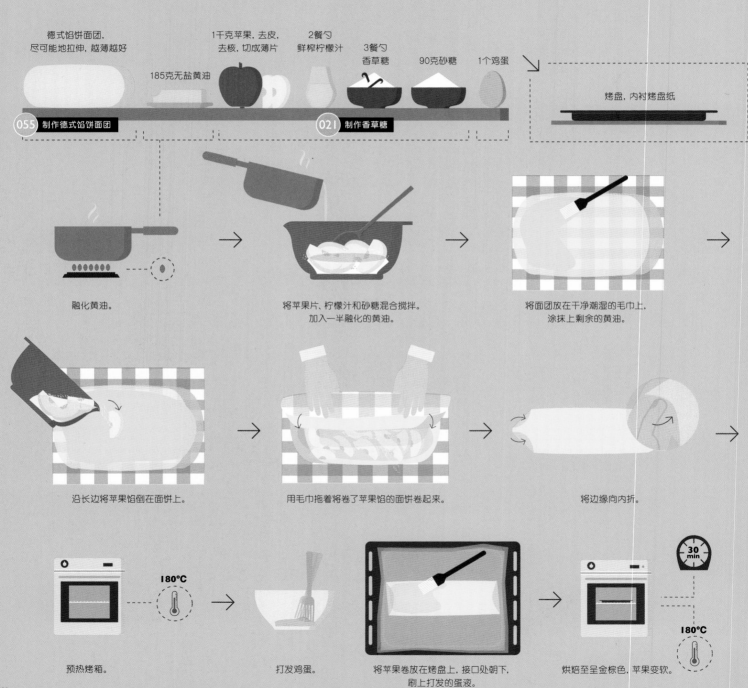

融化黄油。

将苹果片、柠檬汁和砂糖混合搅拌。
加入一半融化的黄油。

将面团放在干净潮湿的毛巾上，
涂抹上剩余的黄油。

沿长边将苹果馅倒在面饼上。

用毛巾拖着将卷了苹果馅的面饼卷起来。

将边缘向内折。

预热烤箱。　180°C

打发鸡蛋。

将苹果卷放在烤盘上，接口处朝下，
刷上打发的蛋液。

烘焙至呈金棕色，苹果变软。　30 min　180°C

制作德式甜杏杏仁卷
make apricot-almond strudel

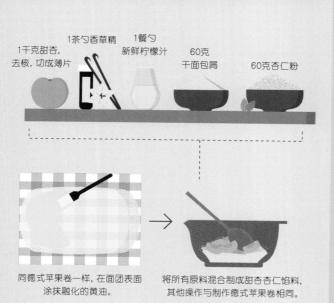

1千克甜杏,去核,切成薄片　　1茶勺香草精　　1餐勺新鲜柠檬汁　　60克干面包屑　　60克杏仁粉

同德式苹果卷一样,在面团表面涂抹融化的黄油。

将所有原料混合制成甜杏杏仁馅料,其他操作与制作德式苹果卷相同。

制作德式香梨核桃仁卷
make pear-walnut strudel

1千克香梨,去核,切成薄片　　1茶勺香草精　　1餐勺朗姆酒　　1餐勺新鲜柠檬汁　　60克干面包屑　　60克核桃仁粉

同德式苹果卷一样,在面团表面涂抹融化的黄油。

将所有原料混合制成香梨核桃仁馅料,其他操作与制作德式苹果卷相同。

制作德式甜李子榛果卷
make plum-hazelnut strudel

1千克甜李子,去核,切薄片　　1茶勺香草精　　1餐勺朗姆酒　　1餐勺新鲜柠檬汁　　60克干面包屑　　60克榛子仁粉

同德式苹果卷一样,在面团表面涂抹融化的黄油。

将所有原料混合制成甜李子榛果馅料,其他操作与制作德式苹果卷相同。

制作德式水果干卷 make dried fruit strudel

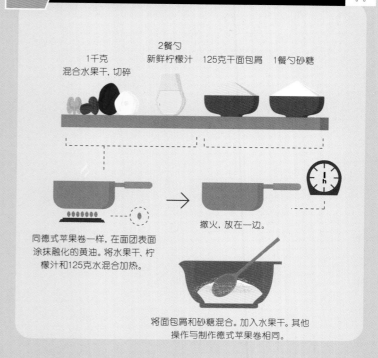

1千克混合水果干,切碎　　2餐勺新鲜柠檬汁　　125克干面包屑　　1餐勺砂糖

同德式苹果卷一样,在面团表面涂抹融化的黄油。将水果干、柠檬汁和125克水混合加热。

撤火,放在一边。

将面包屑和砂糖混合。加入水果干。其他操作与制作德式苹果卷相同。

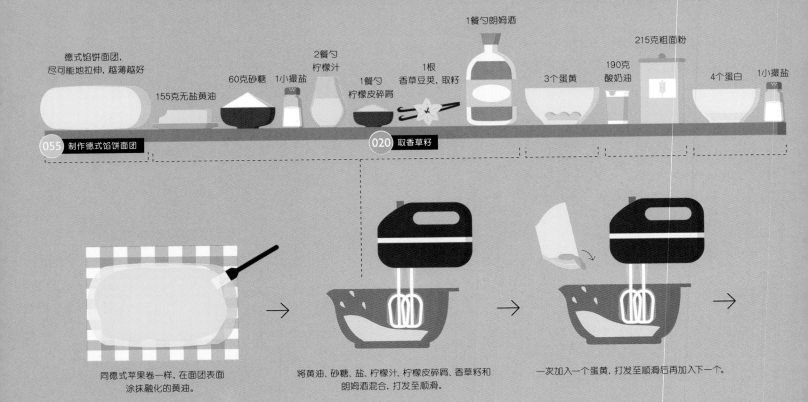

德式馅饼面团,
尽可能地拉伸,越薄越好

155克无盐黄油

60克砂糖 1小撮盐

2餐勺
柠檬汁

1餐勺
柠檬皮碎屑

1根
香草豆荚,取籽

1餐勺朗姆酒

3个蛋黄

190克
酸奶油

215克粗面粉

4个蛋白 1小撮盐

055 制作德式馅饼面团

020 取香草籽

同德式苹果卷一样,在面团表面
涂抹融化的黄油。

将黄油、砂糖、盐、柠檬汁、柠檬皮碎屑、香草籽和
朗姆酒混合,打发至顺滑。

一次加入一个蛋黄,打发至顺滑后再加入下一个。

一边搅拌一边加入酸奶油和粗面粉。在室
温下放置。

在另一个碗中,将蛋白和盐混合,
打发至干性发泡。

缓缓地将三分之一的打发蛋白加入面糊中,搅拌
均匀。再加入剩余的蛋白搅拌。按制作德式苹果
卷的操作方法卷起来,烘焙。

德式馅饼面团，
尽可能地拉伸，越薄越好

6个蛋白　1小撮盐　　　　　　　60克砂糖　1小撮盐　　2餐勺　　1餐勺　　　1根　　　　6个蛋黄　　400克　80克
　　　　　　　90克无盐黄油　　　　　　　　　　柠檬汁　柠檬皮碎屑　香草豆荚，取籽　　　　农家干酪　酸奶油

055　制作德式馅饼面团　　　　　　　　　　　　　　　　　　　　　020　取香草籽

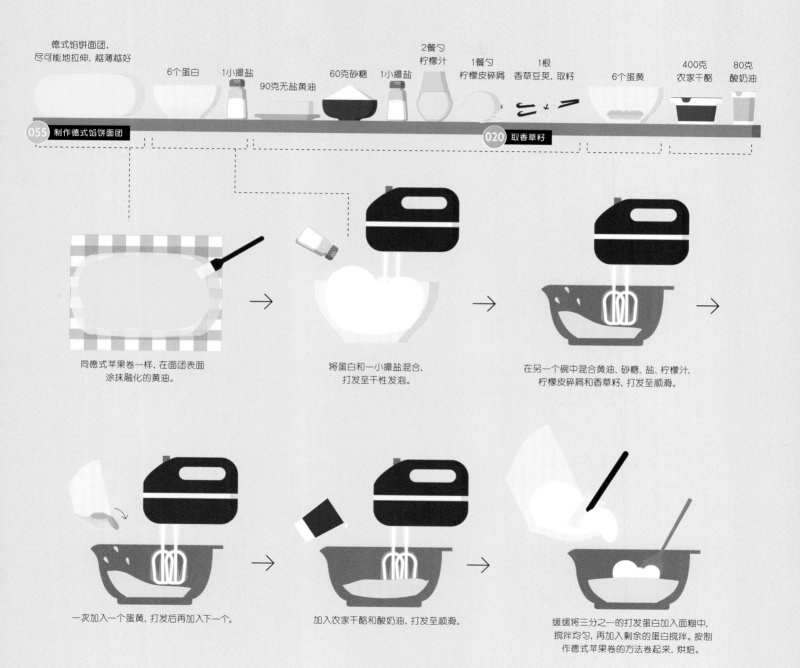

同德式苹果卷一样，在面团表面
涂抹融化的黄油。

将蛋白和一小撮盐混合，
打发至干性发泡。

在另一个碗中混合黄油、砂糖、盐、柠檬汁、
柠檬皮碎屑和香草籽，打发至顺滑。

一次加入一个蛋黄，打发后再加入下一个。

加入农家干酪和酸奶油，打发至顺滑。

缓缓将三分之一的打发蛋白加入面糊中，
搅拌均匀，再加入剩余的蛋白搅拌。按制
作德式苹果卷的方法卷起来，烘焙。

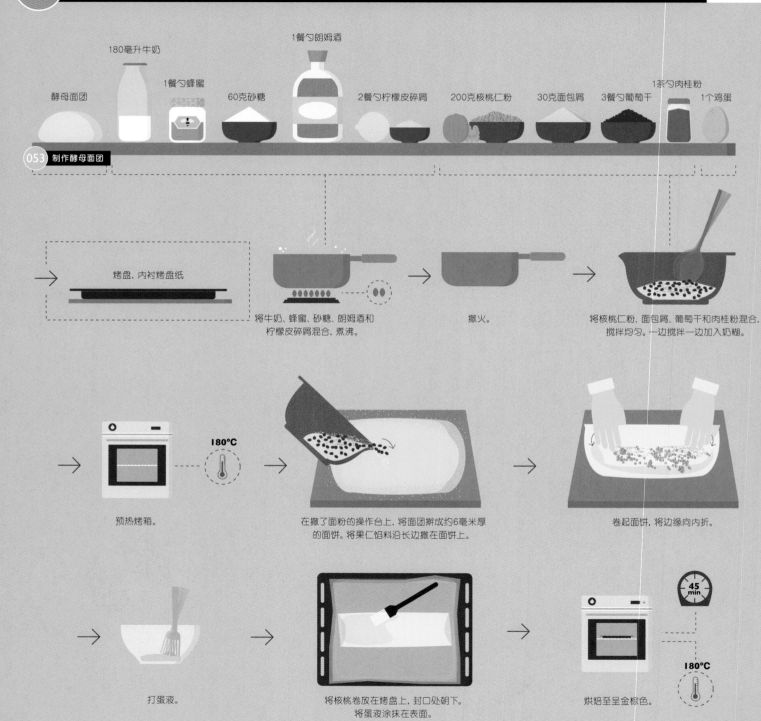

180毫升牛奶

1餐勺朗姆酒

1餐勺蜂蜜

酵母面团

60克砂糖

2餐勺柠檬皮碎屑

200克核桃仁粉

30克面包屑

3餐勺葡萄干

1茶勺肉桂粉

1个鸡蛋

053 制作酵母面团

烤盘, 内衬烤盘纸

将牛奶、蜂蜜、砂糖、朗姆酒和
柠檬皮碎屑混合, 煮沸。

撤火。

将核桃仁粉、面包屑、葡萄干和肉桂粉混合,
搅拌均匀。一边搅拌一边加入奶糊。

预热烤箱。

180°C

在撒了面粉的操作台上, 将面团擀成约6毫米厚
的面饼。将果仁馅料沿长边撒在面饼上。

卷起面饼, 将边缘向内折。

打蛋液。

将核桃卷放在烤盘上, 封口处朝下。
将蛋液涂抹在表面。

烘焙至呈金棕色。

45
min

180°C

酵母面团　180毫升牛奶　1餐勺蜂蜜　60克砂糖　1餐勺朗姆酒　2餐勺柠檬皮碎屑　1茶勺香草精　200克罂粟籽　30克面包屑　3餐勺葡萄干　1小撮肉桂粉　1个鸡蛋

053 制作酵母面团

烤盘, 内衬烤盘纸

将牛奶、蜂蜜、砂糖、朗姆酒、柠檬皮碎屑和香草精混合, 煮沸。

从火上撤下来, 倒在碗中。

加入罂粟籽、面包屑、葡萄干和肉桂粉, 搅拌均匀。

180℃

预热烤箱。

在撒了面粉的操作台上, 将面团擀成约6毫米厚的面饼。将果仁馅料沿长边撒在面饼上。

卷起面饼, 将边缘向内扣。

打蛋液。

将核桃卷放在烤盘上, 封口处朝下。将蛋液涂抹在表面。

烘焙至呈金棕色。

45 min

180℃

500克酥皮面团

60克砂糖　1茶勺 柠檬皮碎屑　1茶勺 橙皮碎屑　100克核桃仁碎　100克榛子仁碎　100克杏仁粉　100克开心果仁碎　185克无盐黄油　185克砂糖　2餐勺 柠檬汁　1根 肉桂棒　280克蜂蜜

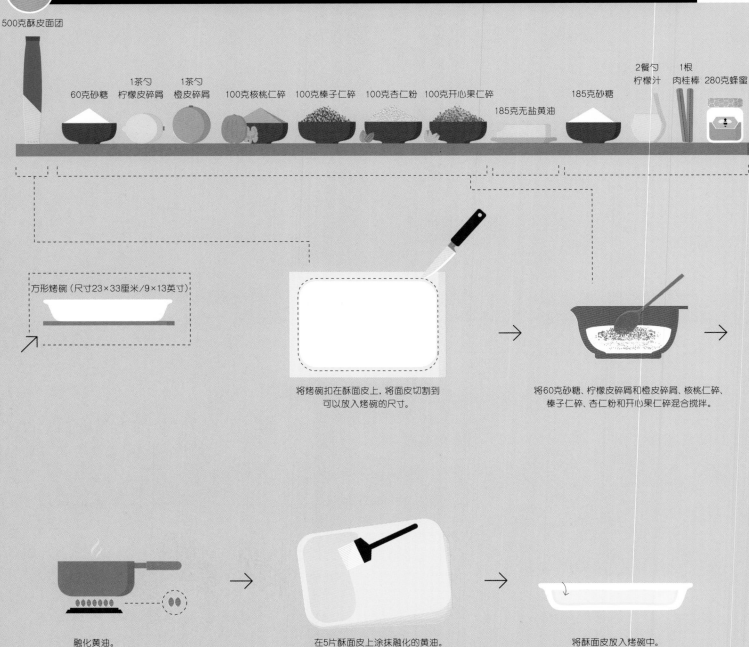

方形烤碗（尺寸23×33厘米/9×13英寸）

将烤碗扣在酥面皮上，将面皮切割到可以放入烤碗的尺寸。

将60克砂糖、柠檬皮碎屑和橙皮碎屑、核桃仁碎、榛子仁碎、杏仁粉和开心果仁碎混合搅拌。

融化黄油。

在5片酥面皮上涂抹融化的黄油。剩余的黄油留在一边。

将酥面皮放入烤碗中。

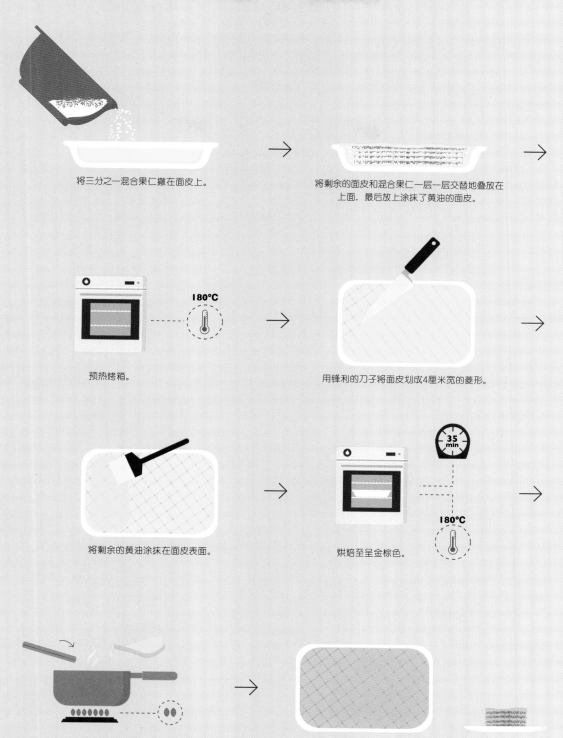

将三分之一混合果仁撒在面皮上。

将剩余的面皮和混合果仁一层一层交替地叠放在上面，最后放上涂抹了黄油的面皮。

180℃

预热烤箱。

用锋利的刀子将面皮划成4厘米宽的菱形。

将剩余的黄油涂抹在面皮表面。

35 min

180℃

烘焙至呈金棕色。

同时，将185克砂糖、柠檬汁、肉桂棒和蜂蜜加入250毫升水中，加热煮沸。搅拌至砂糖完全溶解。取出肉桂棒。

将千层酥切成菱形，然后将糖浆淋在表面。

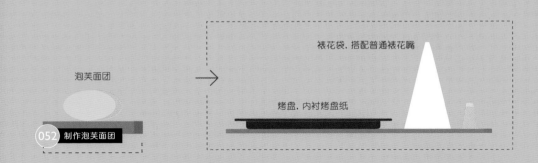

泡芙面团

（052） 制作泡芙面团

裱花袋，搭配普通裱花嘴

烤盘，内衬烤盘纸

泡芙不要过度烘焙。可以取一
只泡芙切成两半，检查一下。如
果需要的话可以将烤箱温度降
低，再烤一会儿。

200℃

预热烤箱。

将泡芙面团装入搭配了普通
裱花嘴的裱花袋中。

在烤盘上挤出小面团，间距5厘米。

10 min

200℃

烘焙至泡芙呈浅棕色。
将烤箱温度调低。

5-10 min

165℃

用木勺将烤箱门撑开，继续烘焙。

在泡芙彻底冷却后填充馅料。

248 制作冰淇淋泡芙

300毫升
香草冰淇淋　　巧克力酱汁

295 制作巧克力酱汁

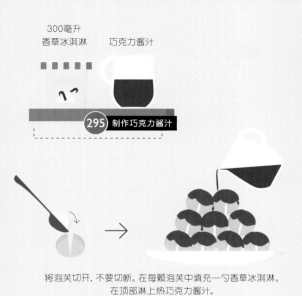

将泡芙切开，不要切断。在每颗泡芙中填充一勺香草冰淇淋。
在顶部淋上热巧克力酱汁。

249 制作奶油泡芙

2餐勺防潮糖粉

奶油馅

292 制作奶油馅

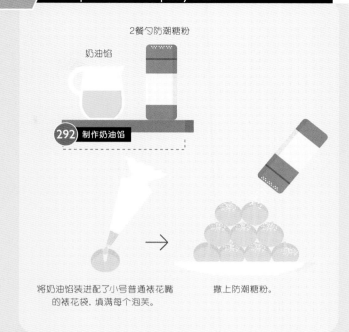

将奶油馅装进配了小号普通裱花嘴　　撒上防潮糖粉。
的裱花袋，填满每个泡芙。

250 制作果酱泡芙

make profiteroles with jam filling

230克杏酱　　　　2餐勺防潮糖粉

1餐勺柠檬汁

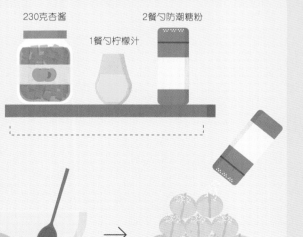

将杏酱和柠檬汁混合，　　　将杏酱装进配了小号普通裱花嘴的裱花袋，
搅拌均匀。　　　　　　　　填满每个泡芙。撒上防潮糖粉。

251 制作百利甜酒奶油泡芙

make profiteroles with baileys cream

80毫升百利甜酒

200克打发的淡奶油

015 打发淡奶油

一边搅拌一边慢慢地将百利甜酒　　将甜酒奶油装进配了小号普通裱花嘴的
倒入打发的奶油中。　　　　　　　裱花袋，填满每个泡芙，撒上防潮糖粉。

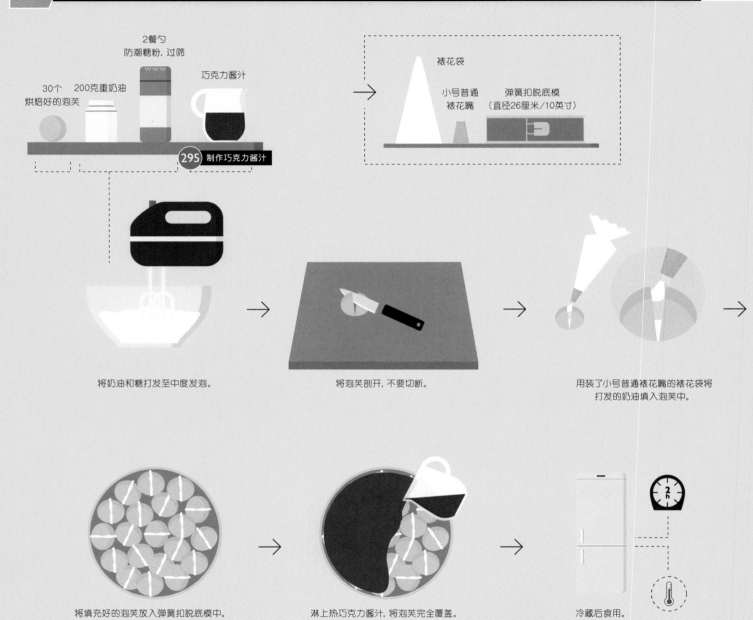

30个
烘焙好的泡芙

200克重奶油

2餐勺
防潮糖粉, 过筛

巧克力酱汁

295 制作巧克力酱汁

裱花袋

小号普通
裱花嘴

弹簧扣脱底模
（直径26厘米/10英寸）

将奶油和糖打发至中度发泡。

将泡芙剖开, 不要切断。

用装了小号普通裱花嘴的裱花袋将
打发的奶油填入泡芙中。

将填充好的泡芙放入弹簧扣脱底模中。

淋上热巧克力酱汁, 将泡芙完全覆盖。

冷藏后食用。

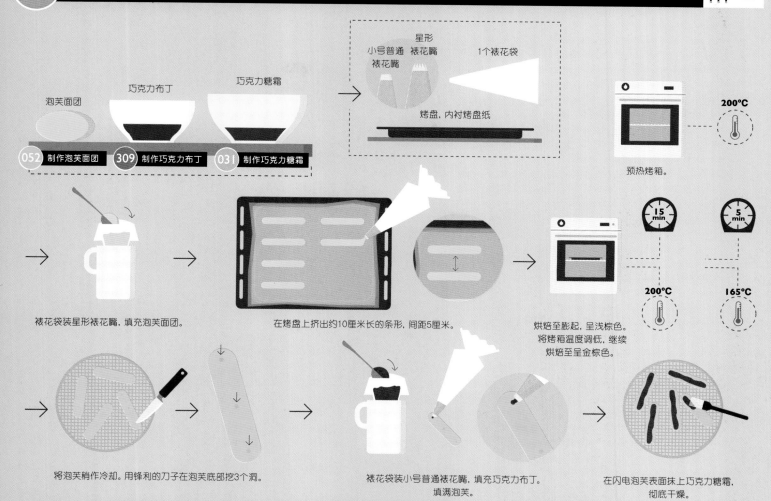

泡芙面团
巧克力布丁
巧克力糖霜

小号普通
裱花嘴
星形
裱花嘴
1个裱花袋

烤盘,内衬烤盘纸

200°C

预热烤箱。

052 制作泡芙面团   309 制作巧克力布丁   031 制作巧克力糖霜

裱花袋装星形裱花嘴,填充泡芙面团。

在烤盘上挤出约10厘米长的条形,间距5厘米。

15 min   5 min

200°C   165°C

烘焙至膨起,呈浅棕色。
将烤箱温度调低,继续
烘焙至呈金棕色。

将泡芙稍作冷却。用锋利的刀子在泡芙底部挖3个洞。

裱花袋装小号普通裱花嘴,填充巧克力布丁。
填满泡芙。

在闪电泡芙表面抹上巧克力糖霜,
彻底干燥。

254 制作咖啡奶油闪电泡芙 make coffee cream éclairs

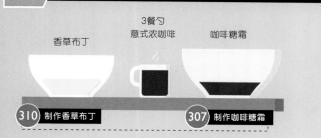

香草布丁
3餐勺
意式浓咖啡
咖啡糖霜

310 制作香草布丁   307 制作咖啡糖霜

将意式浓咖啡和香草布丁混合,
搅拌均匀。

按巧克力闪电泡芙的配方进行操作,用咖啡奶油代替
巧克力。在泡芙表面涂抹咖啡糖霜。

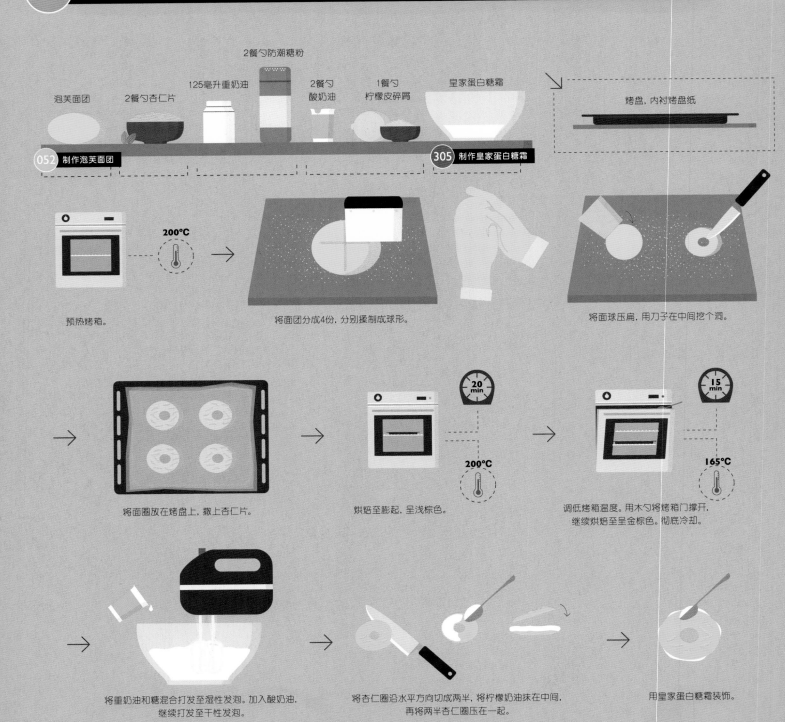

泡芙面团

2餐勺杏仁片

125毫升重奶油

2餐勺防潮糖粉

2餐勺酸奶油

1餐勺柠檬皮碎屑

皇家蛋白糖霜

烤盘, 内衬烤盘纸

052 制作泡芙面团

305 制作皇家蛋白糖霜

预热烤箱。

200°C

将面团分成4份, 分别揉制成球形。

将面球压扁, 用刀子在中间挖个洞。

将面圈放在烤盘上, 撒上杏仁片。

20 min · 200°C

烘焙至膨起, 呈浅棕色。

15 min · 165°C

调低烤箱温度。用木勺将烤箱门撑开, 继续烘焙至呈金棕色。彻底冷却。

将重奶油和糖混合打发至湿性发泡。加入酸奶油, 继续打发至干性发泡。

将杏仁圈沿水平方向切成两半, 将柠檬奶油抹在中间, 再将两半杏仁圈压在一起。

用皇家蛋白糖霜装饰。

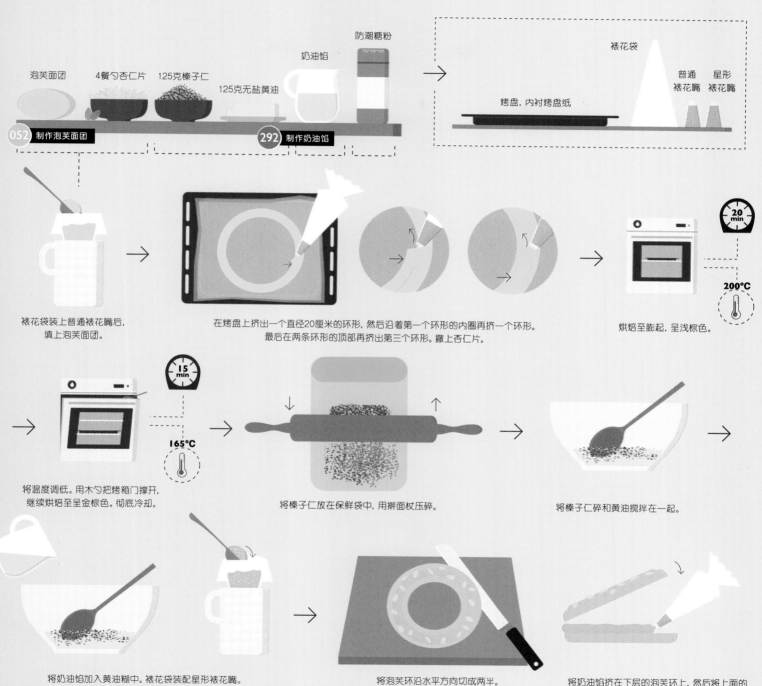

泡芙面团　4餐勺杏仁片　125克榛子仁　125克无盐黄油　奶油馅　防潮糖粉

052 制作泡芙面团　**292** 制作奶油馅

烤盘,内衬烤盘纸　裱花袋　普通裱花嘴　星形裱花嘴

裱花袋装上普通裱花嘴后,填上泡芙面团。

在烤盘上挤出一个直径20厘米的环形,然后沿着第一个环形的内圈再挤一个环形。最后在两条环形的顶部再挤出第三个环形。撒上杏仁片。

烘焙至膨起,呈浅棕色。

20 min
200℃

将温度调低。用木勺把烤箱门撑开,继续烘焙至呈金棕色。彻底冷却。

15 min
165℃

将榛子仁放在保鲜袋中,用擀面杖压碎。

将榛子仁碎和黄油搅拌在一起。

将奶油馅加入黄油糊中。裱花袋装配星形裱花嘴。将奶油馅填进裱花袋。

将泡芙环沿水平方向切成两半。

将奶油馅挤在下层的泡芙环上,然后将上面的一半盖上。撒上糖霜后食用。

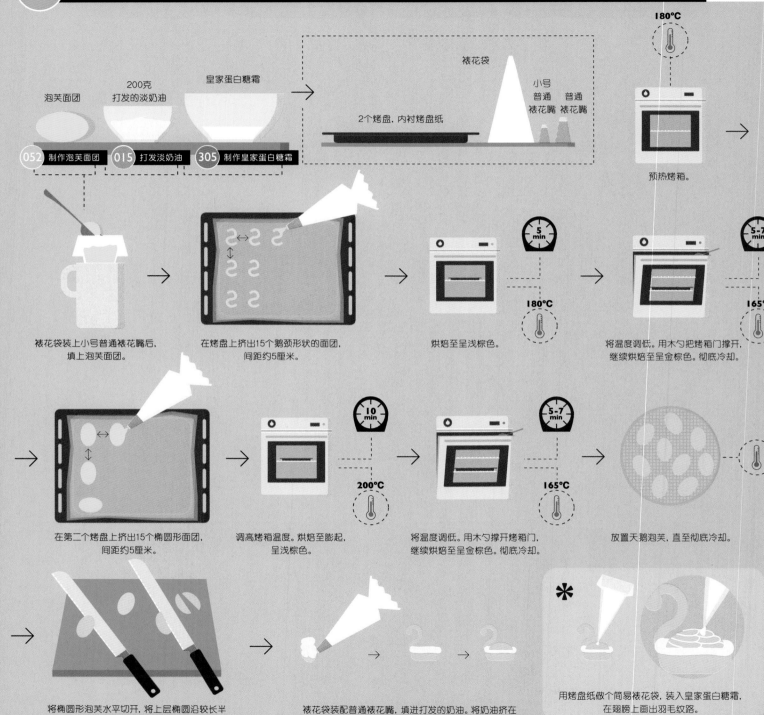

180°C

泡芙面团

200克
打发的淡奶油

皇家蛋白糖霜

裱花袋

小号
普通   普通
裱花嘴   裱花嘴

2个烤盘, 内衬烤盘纸

052 制作泡芙面团   015 打发淡奶油   305 制作皇家蛋白糖霜

预热烤箱。

裱花袋装上小号普通裱花嘴后,
填上泡芙面团。

在烤盘上挤出15个鹅颈形状的面团,
间距约5厘米。

5 min
180°C

烘焙至呈浅棕色。

5-7 min
165°C

将温度调低。用木勺把烤箱门撑开,
继续烘焙至呈金棕色。彻底冷却。

在第二个烤盘上挤出15个椭圆形面团,
间距约5厘米。

10 min
200°C

调高烤箱温度。烘焙至膨起,
呈浅棕色。

5-7 min
165°C

将温度调低。用木勺撑开烤箱门,
继续烘焙至呈金棕色。彻底冷却。

放置天鹅泡芙, 直至彻底冷却。

将椭圆形泡芙水平切开, 将上层椭圆沿较长半
径切成两半, 做成"天鹅的翅膀"。

裱花袋装配普通裱花嘴, 填进打发的奶油。将奶油挤在
下层椭圆泡芙上。装上鹅颈和翅膀。

*

用烤盘纸做个简易裱花袋, 装入皇家蛋白糖霜,
在翅膀上画出羽毛纹路。

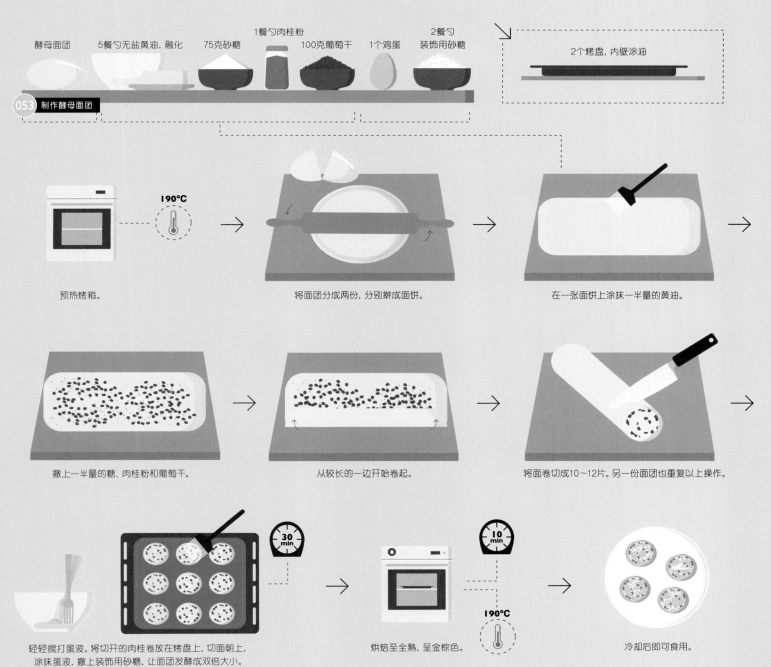

酵母面团　5餐勺无盐黄油,融化　75克砂糖　1餐勺肉桂粉　100克葡萄干　1个鸡蛋　2餐勺装饰用砂糖

2个烤盘,内壁涂油

053 制作酵母面团

190°C

预热烤箱。

将面团分成两份,分别擀成面饼。

在一张面饼上涂抹一半量的黄油。

撒上一半量的糖、肉桂粉和葡萄干。

从较长的一边开始卷起。

将面卷切成10~12片。另一份面团也重复以上操作。

30 min

轻轻搅打蛋液。将切开的肉桂卷放在烤盘上,切面朝上,涂抹蛋液,撒上装饰用砂糖,让面团发酵成双倍大小。

10 min

190°C

烘焙至全熟,呈金棕色。

冷却后即可食用。

½标准量的蛋糕面糊

45克
奶油奶酪, 室温存放

½标准量的蛋糕面糊

45克
奶油奶酪, 室温存放

2餐勺可可粉

046 准备戚风蛋糕面糊

046 准备戚风蛋糕面糊

吐司模 (长20厘米/8英寸), 内壁涂油

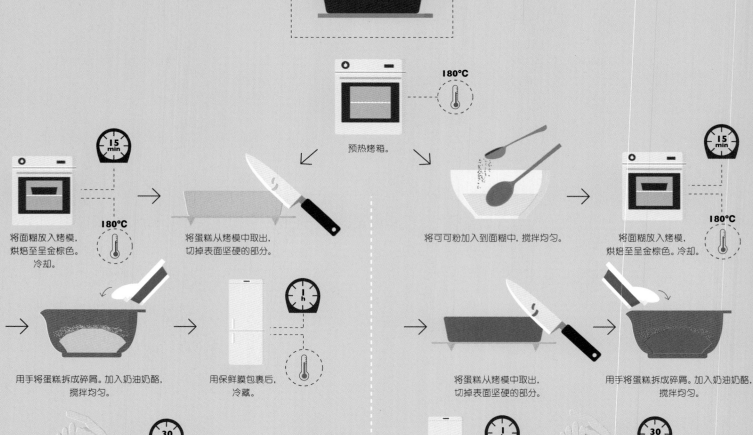

180℃

预热烤箱。

15 min

180℃

将面糊放入烤模,
烘焙至呈金棕色。
冷却。

将蛋糕从烤模中取出,
切掉表面坚硬的部分。

将可可粉加入到面糊中, 搅拌均匀。

15 min

180℃

将面糊放入烤模,
烘焙至呈金棕色。冷却。

用手将蛋糕拆成碎屑。加入奶油奶酪,
搅拌均匀。

用保鲜膜包裹后,
冷藏。

将蛋糕从烤模中取出,
切掉表面坚硬的部分。

用手将蛋糕拆成碎屑。加入奶油奶酪,
搅拌均匀。

30 min

用手将蛋糕屑搓成餐勺大的小球。
放在烤盘中, 冷藏。

在蛋糕球底部插上一根签子,
不要扎穿。

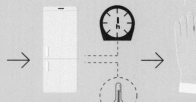

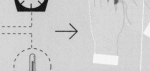

用保鲜膜包裹后,
冷藏。

用手将蛋糕屑搓成餐勺大的小球。
放在烤盘中, 冷藏。

30 min

在蛋糕球底部插上一
签子, 不要扎穿。

261 给棒棒蛋糕抹糖霜
ice cake pops

* 可以直接将食用色素滴在皇家蛋白糖霜中，来制作彩色棒棒蛋糕。

皇家蛋白糖霜

食用色素啫喱

305 制作皇家蛋白糖霜

将棒棒蛋糕浸入皇家蛋白糖霜中，彻底包裹。
插在杯子中，放至糖霜凝固。

262 用巧克力给棒棒蛋糕画张脸
ice cake pops with chocolate and a face

巧克力糖霜　皇家蛋白糖霜

043 制作简易裱花袋

031 制作巧克力糖霜　**305** 制作皇家蛋白糖霜

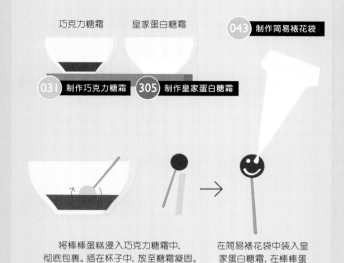

将棒棒蛋糕浸入巧克力糖霜中，彻底包裹。插在杯子中，放至糖霜凝固。

在简易裱花袋中装入皇家蛋白糖霜，在棒棒蛋糕上画出笑脸。

263 用彩色糖粒装饰棒棒蛋糕
decorate cake pops with colored sugar

4餐勺彩色糖粒

皇家蛋白糖霜

305 制作皇家蛋白糖霜

将棒棒蛋糕浸入皇家蛋白糖霜中，彻底包裹。

撒上彩色糖粒。插在杯子中，放至糖霜凝固。

264 令棒棒蛋糕变得五颜六色
color cake pops

皇家蛋白糖霜

043 制作简易裱花袋

食用色素啫喱

305 制作皇家蛋白糖霜

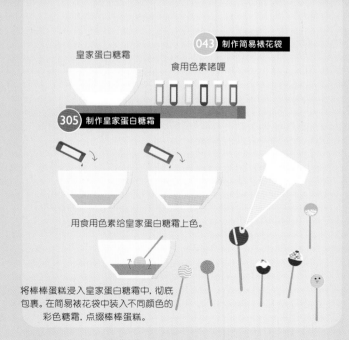

用食用色素给皇家蛋白糖霜上色。

将棒棒蛋糕浸入皇家蛋白糖霜中，彻底包裹。在简易裱花袋中装入不同颜色的彩色糖霜，点缀棒棒蛋糕。

舒芙蕾和奶冻

soufflés and custards

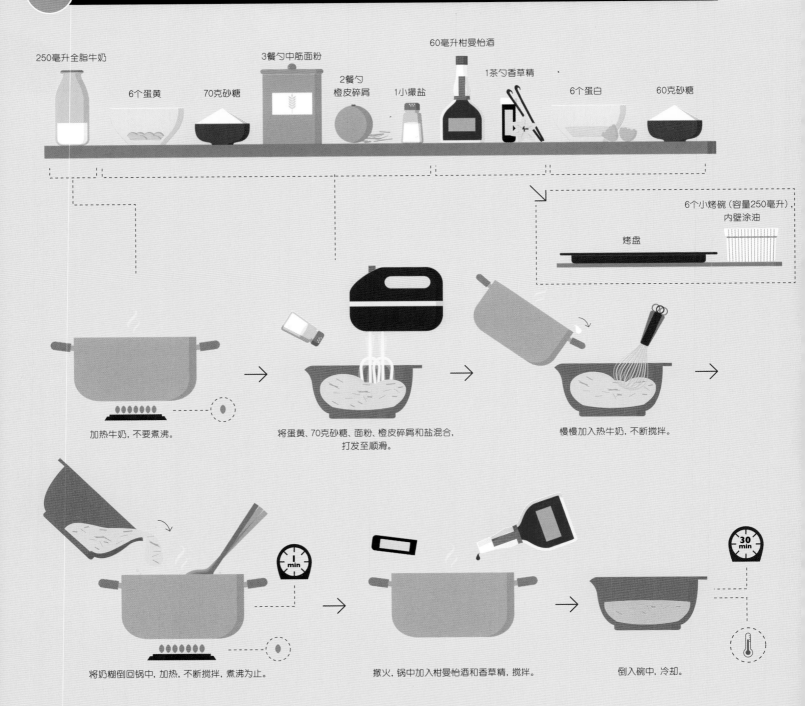

250毫升全脂牛奶

6个蛋黄　　70克砂糖　　3餐勺中筋面粉

2餐勺橙皮碎屑

1小撮盐

60毫升柑曼怡酒

1茶勺香草精

6个蛋白　　60克砂糖

6个小烤碗（容量250毫升）内壁涂油

烤盘

加热牛奶，不要煮沸。

将蛋黄、70克砂糖、面粉、橙皮碎屑和盐混合，打发至顺滑。

慢慢加入热牛奶，不断搅拌。

将奶糊倒回锅中，加热，不断搅拌，煮沸为止。

撤火，锅中加入柑曼怡酒和香草精，搅拌。

倒入碗中，冷却。

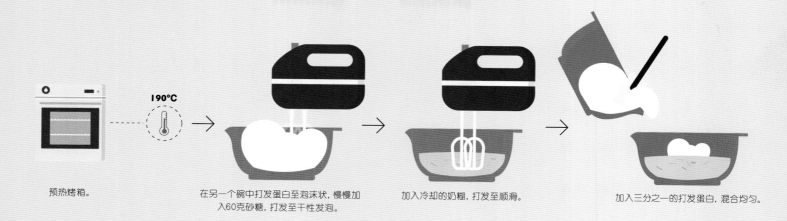

预热烤箱。

在另一个碗中打发蛋白至泡沫状，慢慢加入60克砂糖，打发至干性发泡。

加入冷却的奶糊，打发至顺滑。

加入三分之一的打发蛋白，混合均匀。

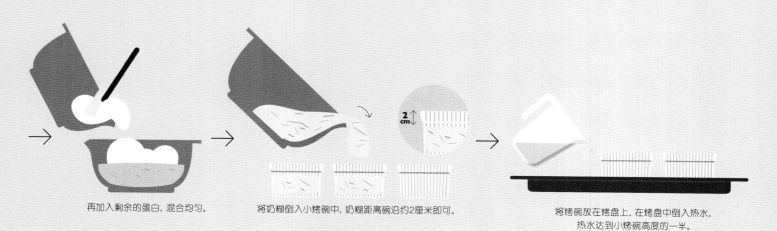

再加入剩余的蛋白，混合均匀。

将奶糊倒入小烤碗中，奶糊距离碗沿约2厘米即可。

2 cm

将烤碗放在烤盘上，在烤盘中倒入热水，热水达到小烤碗高度的一半。

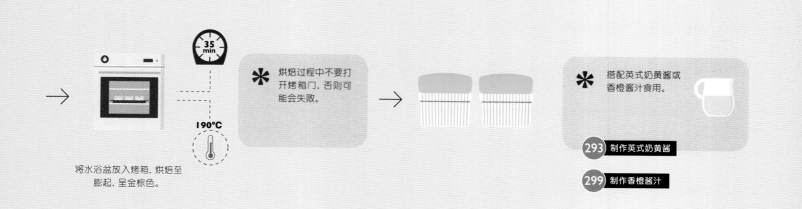

35 min

190℃

将水浴盆放入烤箱，烘焙至膨起，呈金棕色。

＊ 烘焙过程中不要打开烤箱门，否则可能会失败。

＊ 搭配英式奶黄酱或香橙酱汁食用。

293 制作英式奶黄酱

299 制作香橙酱汁

213

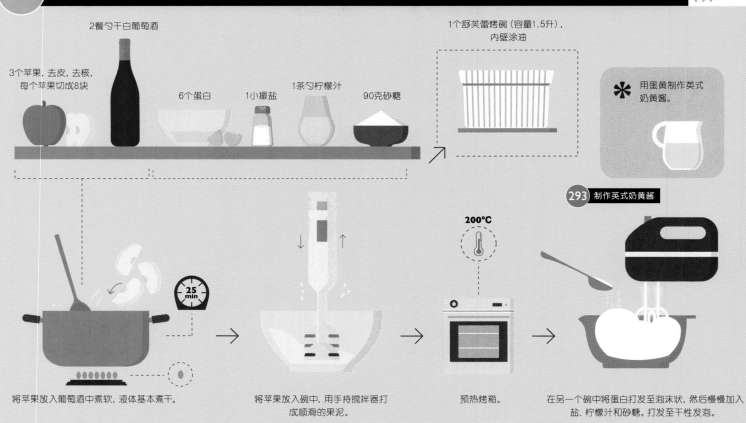

2餐勺干白葡萄酒

3个苹果，去皮，去核，
每个苹果切成8块

6个蛋白

1小撮盐

1茶勺柠檬汁

90克砂糖

1个舒芙蕾烤碗（容量1.5升），
内壁涂油

✳ 用蛋黄制作英式
奶黄酱。

293 制作英式奶黄酱

200°C

25 min

将苹果放入葡萄酒中煮软，液体基本煮干。

将苹果放入碗中，用手持搅拌器打成顺滑的果泥。

预热烤箱。

在另一个碗中将蛋白打发至泡沫状，然后慢慢加入盐、柠檬汁和砂糖。打发至干性发泡。

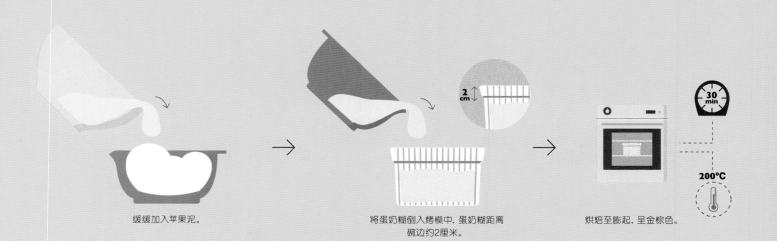

缓缓加入苹果泥。

2 cm

将蛋奶糊倒入烤模中，蛋奶糊距离碗边约2厘米。

30 min

200°C

烘焙至膨起，呈金棕色。

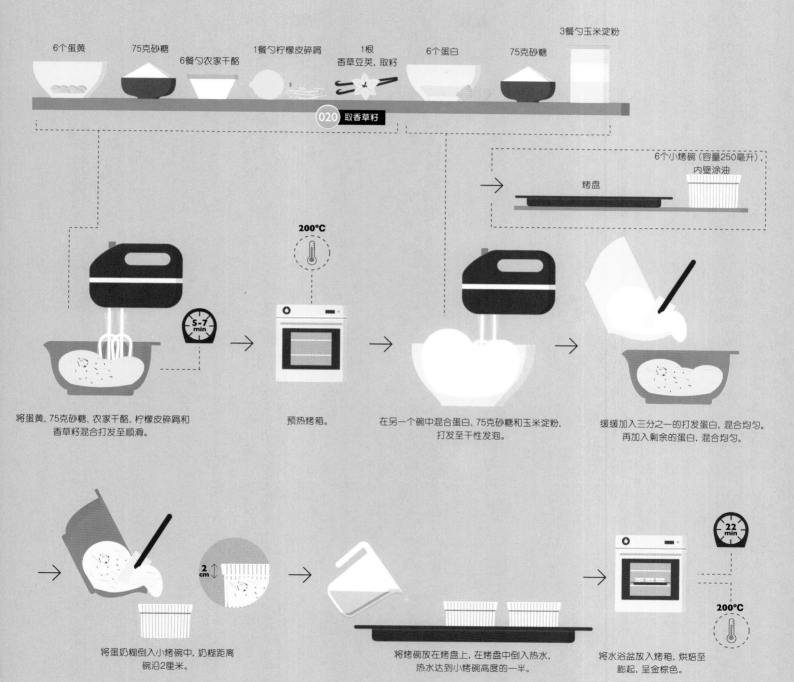

6个蛋黄　75克砂糖　6餐勺农家干酪　1餐勺柠檬皮碎屑　1根 香草豆荚, 取籽　6个蛋白　75克砂糖　3餐勺玉米淀粉

020 取香草籽

6个小烤碗(容量250毫升) 内壁涂油

烤盘

200°C

5-7 min

将蛋黄、75克砂糖、农家干酪、柠檬皮碎屑和 香草籽混合打发至顺滑。

预热烤箱。

在另一个碗中混合蛋白、75克砂糖和玉米淀粉, 打发至干性发泡。

缓缓加入三分之一的打发蛋白, 混合均匀。 再加入剩余的蛋白, 混合均匀。

2 cm

22 min

200°C

将蛋奶糊倒入小烤碗中, 奶糊距离 碗沿2厘米。

将烤碗放在烤盘上, 在烤盘中倒入热水, 热水达到小烤碗高度的一半。

将水浴盆放入烤箱, 烘焙至 膨起, 呈金棕色。

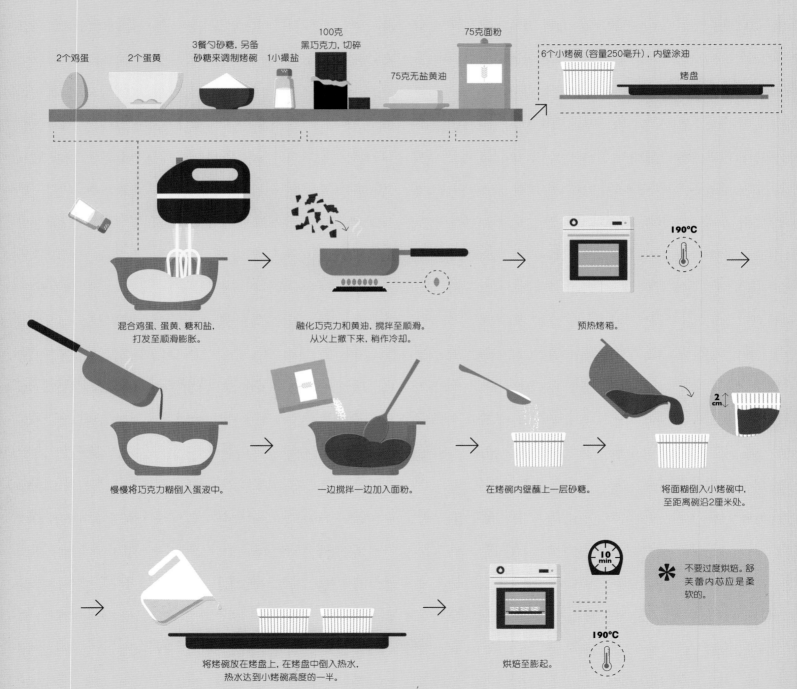

2个鸡蛋　　2个蛋黄　　3餐勺砂糖，另备　　100克　　75克面粉
　　　　　　　　　　　　砂糖来调制烤碗　　黑巧克力，切碎
　　　　　　　　　　　　　　　　1小撮盐

75克无盐黄油

6个小烤碗（容量250毫升），内壁涂油

烤盘

混合鸡蛋、蛋黄、糖和盐，
打发至顺滑膨胀。

融化巧克力和黄油，搅拌至顺滑。
从火上撤下来，稍作冷却。

预热烤箱。

190℃

慢慢将巧克力糊倒入蛋液中。

一边搅拌一边加入面粉。

在烤碗内壁蘸上一层砂糖。

将面糊倒入小烤碗中，
至距离碗沿2厘米处。

2 cm

将烤碗放在烤盘上，在烤盘中倒入热水，
热水达到小烤碗高度的一半。

烘焙至膨起。

10 min

190℃

＊　不要过度烘焙。舒
　　芙蕾内芯应是柔
　　软的。

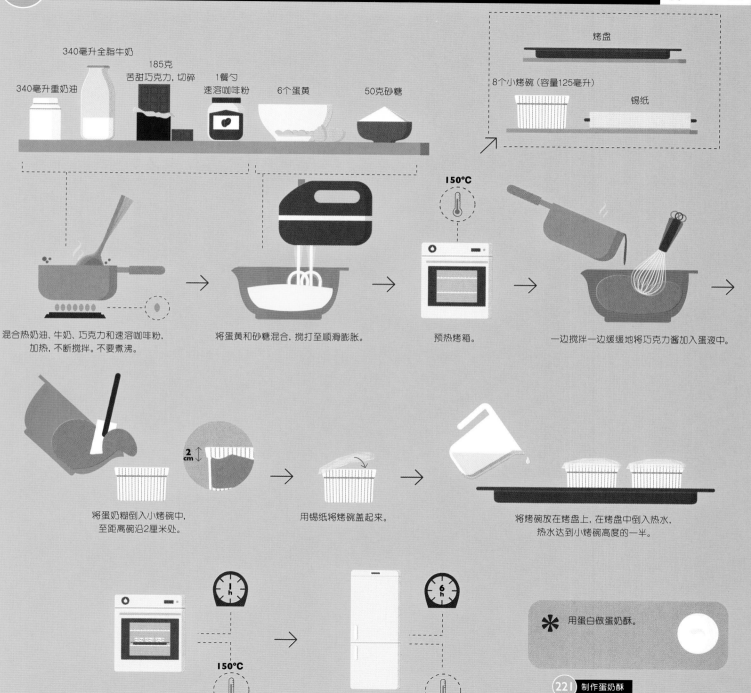

烤盘

8个小烤碗 (容量125毫升)

锡纸

340毫升重奶油

340毫升全脂牛奶

185克
苦甜巧克力,切碎

1餐勺
速溶咖啡粉

6个蛋黄

50克砂糖

150°C

混合热奶油、牛奶、巧克力和速溶咖啡粉,
加热,不断搅拌。不要煮沸。

将蛋黄和砂糖混合,搅打至顺滑膨胀。

预热烤箱。

一边搅拌一边缓缓地将巧克力酱加入蛋液中。

2 cm

将蛋奶糊倒入小烤碗中,
至距离碗沿2厘米处。

用锡纸将烤碗盖起来。

将烤碗放在烤盘上,在烤盘中倒入热水,
热水达到小烤碗高度的一半。

150°C

将水浴盆放入烤箱,
烘焙至奶冻凝固。

将烤碗从烤盘中取出,
冷藏至冷却。

✳ 用蛋白做蛋奶酥。

221 制作蛋奶酥

6餐勺甜雪莉酒

750克混合夏季水果（蜜桃，甜杏，油桃）
去核，切丁，也可以加一些浆果和樱桃   60克砂糖   1餐勺柠檬汁   香草酱汁   250克打发的淡奶油

1块海绵蛋糕底

076 制作海绵蛋糕底   294 制作香草酱汁   015 打发淡奶油

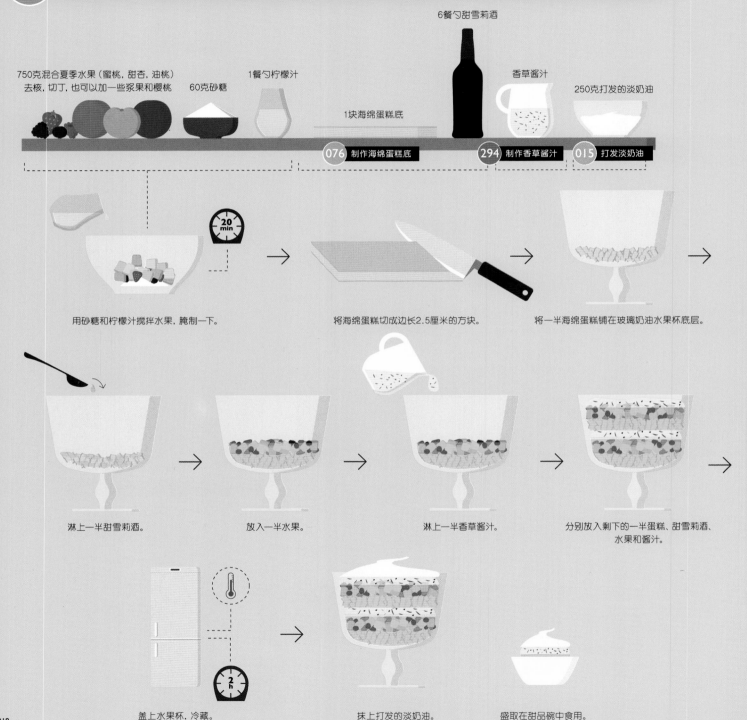

20 min

用砂糖和柠檬汁搅拌水果，腌制一下。

将海绵蛋糕切成边长2.5厘米的方块。

将一半海绵蛋糕铺在玻璃奶油水果杯底层。

淋上一半甜雪莉酒。

放入一半水果。

淋上一半香草酱汁。

分别放入剩下的一半蛋糕、甜雪莉酒、水果和酱汁。

2 h

盖上水果杯，冷藏。

抹上打发的淡奶油。

盛取在甜品碗中食用。

375毫升全脂牛奶

200毫升
重奶油　1餐勺橙皮碎屑

½根肉桂棒

1根
香草豆荚，取籽

6个蛋黄　60克砂糖

¼茶勺
现磨肉豆蔻粉

1小撮盐　60克砂糖

020 取香草籽

厨房喷枪　6个小烤碗
（容量125毫升）

烤盘

将牛奶、奶油、橙皮碎屑、肉桂棒和
香草籽煮沸。撤火。

将蛋黄、60克砂糖、肉豆蔻粉和盐混合，
打发至顺滑。

取出肉桂棒。

一边打发一边将热牛奶慢慢加入蛋液中。

盖上盖子，放在一边冷却。

预热烤箱。

150℃

将蛋奶糊倒入小烤碗中，
至距离碗沿2厘米处。

将烤碗放在烤盘上，在烤盘中倒入热水，
热水达到小烤碗高度的一半。

50 min

150℃

将水浴盆放入烤箱，
烘焙至奶冻凝固。

将烤碗从烤盘中取出，
冷藏至冷却。

食用前将砂糖平均地撒在每一杯中的
奶冻上。用喷枪烧燎一下，烧出焦糖壳。

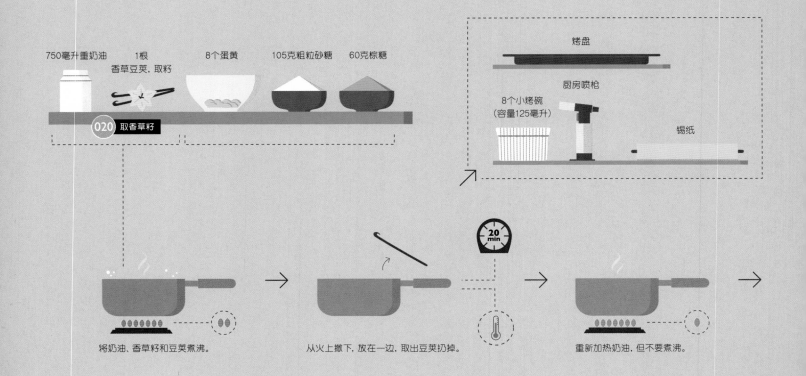

750毫升重奶油　1根香草豆荚,取籽　8个蛋黄　105克粗粒砂糖　60克棕糖

020 取香草籽

烤盘
8个小烤碗(容量125毫升)　厨房喷枪　锡纸

20 min

将奶油、香草籽和豆荚煮沸。

从火上撤下,放在一边,取出豆荚扔掉。

重新加热奶油,但不要煮沸。

将蛋黄和粗砂糖打发至顺滑。

慢慢地一边搅拌一边将热奶油糊加入蛋液中。

150°C

预热烤箱。

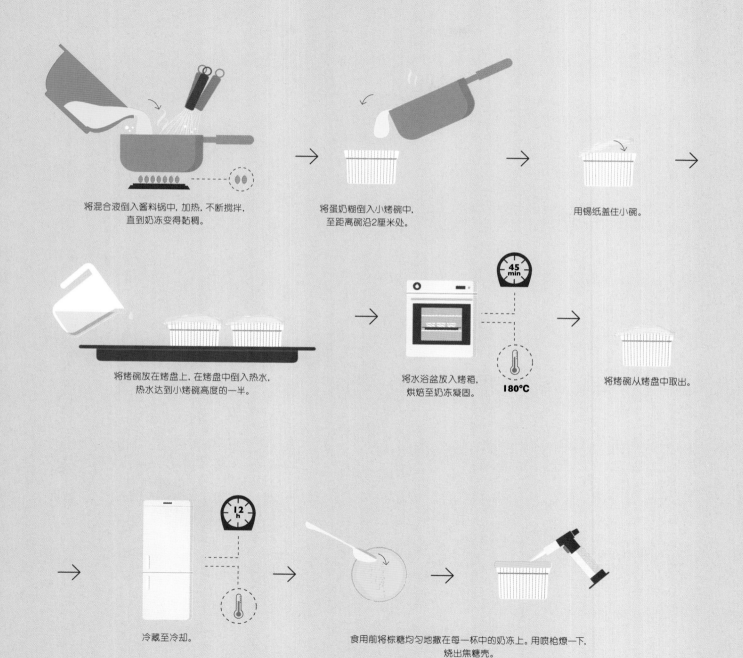

将混合液倒入酱料锅中, 加热, 不断搅拌, 直到奶冻变得黏稠。

将蛋奶糊倒入小烤碗中, 至距离碗沿2厘米处。

用锡纸盖住小碗。

将烤碗放在烤盘上, 在烤盘中倒入热水, 热水达到小烤碗高度的一半。

将水浴盆放入烤箱, 烘焙至奶冻凝固。

将烤碗从烤盘中取出。

冷藏至冷却。

食用前将棕糖均匀地撒在每一杯中的奶冻上。用喷枪燎一下, 烧出焦糖壳。

273 | 制作迷迭香法式焦糖布丁
make crème brûlée with rosemary

按法式焦糖布丁的配方操作，但是将两根迷迭香加入
奶油中熬煮，和香草豆荚一起取出扔掉。

274 | 制作咖啡法式焦糖布丁
make coffee crème brûlée

1茶勺速溶咖啡粉

按法式焦糖布丁的配方操作，但是用速溶咖啡粉
代替香草豆荚。

275 | 制作巧克力法式焦糖布丁
make chocolate crème brûlée

1茶勺可可粉

按法式焦糖布丁的配方操作，但是用可可粉
代替香草豆荚。

276 | 制作香橙法式焦糖布丁
make orange crème brûlée

80毫升橘味白酒

2餐勺
橙皮碎屑

按法式焦糖布丁的配方操作，但是用橙皮碎屑和橘味白
酒代替香草豆荚。使用奶油糊之前需过滤。

277 | 制作辣椒巧克力法式焦糖布丁
make chocolate-chile crème brûlée

75克
苦甜巧克力，切碎   1根
小墨西哥辣椒

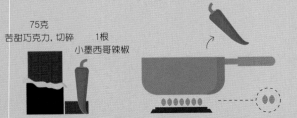

按法式焦糖布丁的配方操作，但是用辣椒代替香草豆荚。熬
煮后取出辣椒。将可可粉融化在奶油中。

278 | 制作威士忌法式焦糖布丁
make crème brûlée with whisky

80毫升甜威士忌

按法式焦糖布丁的配方操作，在将奶糊倒入
小烤碗之前，一边搅拌一边加入威士忌。

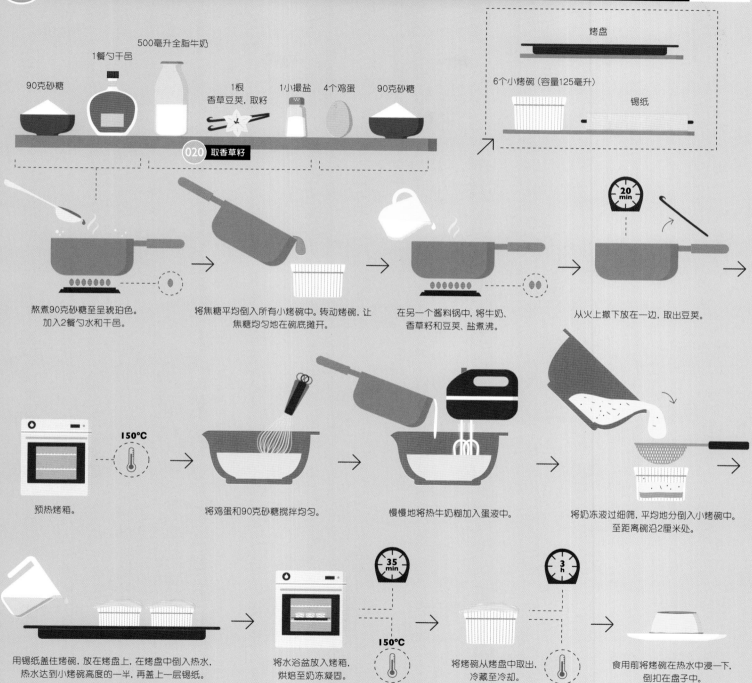

90克砂糖

1餐勺干邑

500毫升全脂牛奶

1根香草豆荚, 取籽

1小撮盐

4个鸡蛋

90克砂糖

烤盘

6个小烤碗 (容量125毫升)

锡纸

020 取香草籽

熬煮90克砂糖至呈琥珀色。加入2餐勺水和干邑。

将焦糖平均倒入所有小烤碗中。转动烤碗, 让焦糖均匀地在碗底摊开。

在另一个酱料锅中, 将牛奶、香草籽和豆荚、盐煮沸。

20 min

从火上撤下放在一边, 取出豆荚。

150°C

预热烤箱。

将鸡蛋和90克砂糖搅拌均匀。

慢慢地将热牛奶糊加入蛋液中。

将奶冻液过细筛, 平均地分倒入小烤碗中。至距离碗沿2厘米处。

用锡纸盖住烤碗, 放在烤盘上, 在烤盘中倒入热水, 热水达到小烤碗高度的一半, 再盖上一层锡纸。

35 min

150°C

将水浴盆放入烤箱, 烘焙至奶冻凝固。

3 h

将烤碗从烤盘中取出, 冷藏至冷却。

食用前将烤碗在热水中浸一下, 倒扣在盘子中。

223

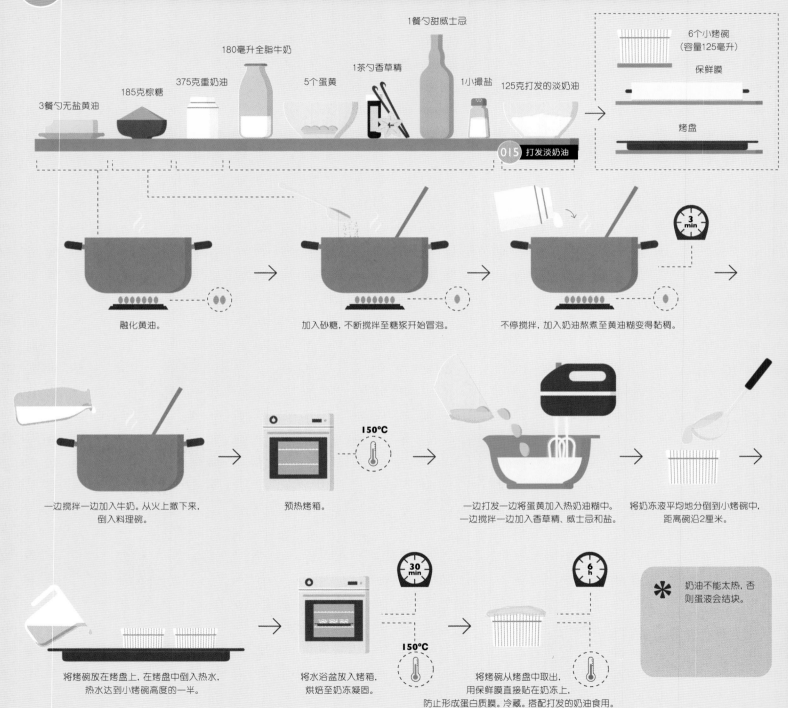

3餐勺无盐黄油　　185克棕糖　　375克重奶油　　180毫升全脂牛奶　　5个蛋黄　　1茶勺香草精　　1餐勺甜威士忌　　1小撮盐　　125克打发的淡奶油

6个小烤碗
（容量125毫升）

保鲜膜

烤盘

015 打发淡奶油

融化黄油。

加入砂糖，不断搅拌至糖浆开始冒泡。

不停搅拌，加入奶油熬煮至黄油糊变得黏稠。
3 min

一边搅拌一边加入牛奶。从火上撤下来，倒入料理碗。

预热烤箱。
150℃

一边打发一边将蛋黄加入热奶油糊中。一边搅拌一边加入香草精、威士忌和盐。

将奶冻液平均地分倒到小烤碗中，距离碗沿2厘米。

将烤碗放在烤盘上，在烤盘中倒入热水，热水达到小烤碗高度的一半。

将水浴盆放入烤箱，烘焙至奶冻凝固。
30 min
150℃

将烤碗从烤盘中取出，用保鲜膜直接贴在奶冻上，防止形成蛋白质膜。冷藏。搭配打发的奶油食用。
6 h

＊ 奶油不能太热，否则蛋液会结块。

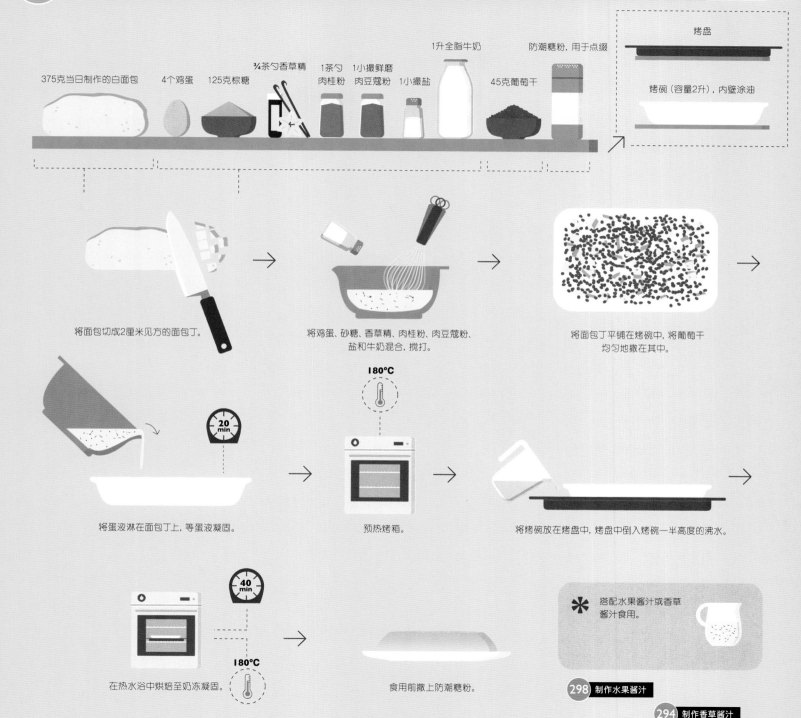

375克当日制作的白面包　4个鸡蛋　125克棕糖　¾茶勺香草精　1茶勺肉桂粉　1小撮鲜磨肉豆蔻粉　1小撮盐　1升全脂牛奶　45克葡萄干　防潮糖粉,用于点缀

烤盘

烤碗(容量2升),内壁涂油

将面包切成2厘米见方的面包丁。

将鸡蛋、砂糖、香草精、肉桂粉、肉豆蔻粉、盐和牛奶混合,搅打。

将面包丁平铺在烤碗中,将葡萄干均匀地撒在其中。

将蛋液淋在面包丁上,等蛋液凝固。

20 min

180℃

预热烤箱。

将烤碗放在烤盘中,烤盘中倒入烤碗一半高度的沸水。

40 min

180℃

在热水浴中烘焙至奶冻凝固。

食用前撒上防潮糖粉。

✳ 搭配水果酱汁或香草酱汁食用。

298 制作水果酱汁

294 制作香草酱汁

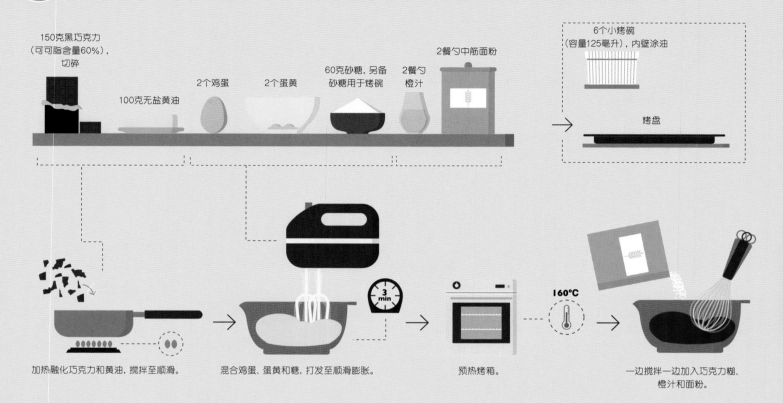

150克黑巧克力
(可可脂含量60%)，
切碎

100克无盐黄油

2个鸡蛋

2个蛋黄

60克砂糖，另备
砂糖用于烤碗

2餐勺
橙汁

2餐勺中筋面粉

6个小烤碗
(容量125毫升)，内壁涂油

烤盘

加热融化巧克力和黄油，搅拌至顺滑。

混合鸡蛋、蛋黄和糖，打发至顺滑膨胀。

3 min

预热烤箱。

160°C

一边搅拌一边加入巧克力糊、橙汁和面粉。

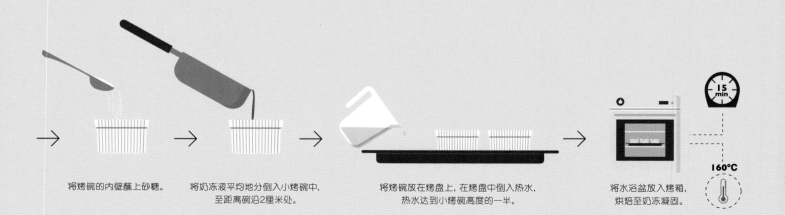

将烤碗的内壁蘸上砂糖。

将奶冻液平均地分倒入小烤碗中，至距离碗沿2厘米处。

将烤碗放在烤盘上，在烤盘中倒入热水，热水达到小烤碗高度的一半。

15 min

160°C

将水浴盆放入烤箱，烘焙至奶冻凝固。

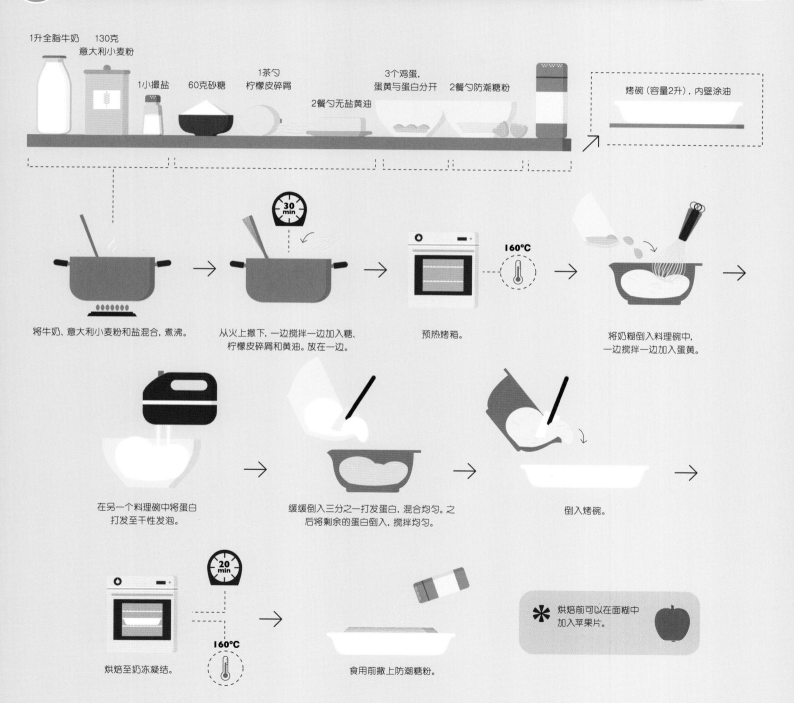

1升全脂牛奶　130克
意大利小麦粉

1小撮盐

60克砂糖

1茶勺
柠檬皮碎屑

2餐勺无盐黄油

3个鸡蛋,
蛋黄与蛋白分开　2餐勺防潮糖粉

烤碗（容量2升）, 内壁涂油

30 min

160℃

将牛奶、意大利小麦粉和盐混合, 煮沸。

从火上撤下, 一边搅拌一边加入糖、
柠檬皮碎屑和黄油。放在一边。

预热烤箱。

将奶糊倒入料理碗中,
一边搅拌一边加入蛋黄。

在另一个料理碗中将蛋白
打发至干性发泡。

缓缓倒入三分之一打发蛋白, 混合均匀。之
后将剩余的蛋白倒入, 搅拌均匀。

倒入烤碗。

20 min

160℃

烘焙至奶冻凝结。

食用前撒上防潮糖粉。

✱ 烘焙前可以在面糊中
加入苹果片。

烤碗（容量2升），内壁涂油

170克中东米　1升全脂牛奶　125克砂糖　1茶勺肉桂粉　半个橙子皮，擦成皮碎屑　1小撮盐　2个蛋黄

将大米、牛奶、砂糖、肉桂粉、橙皮碎屑和盐混合煮沸。

30 min
将火力调低，熬煮，不停搅拌。

30 min
撤火，倒入料理碗，冷却。

160℃
预热烤箱。

一边搅拌一边加入蛋黄。

倒入烤碗。

25 min
160℃
烘焙至布丁变得黏稠，米粒变软。

3 h
冷却。米糊会因为冷却而变黏稠。将表面覆盖，冷藏。

搅拌米饭布丁。

盛到小碗中食用。

✳ 搭配水果酱汁食用。

298 制作水果酱汁

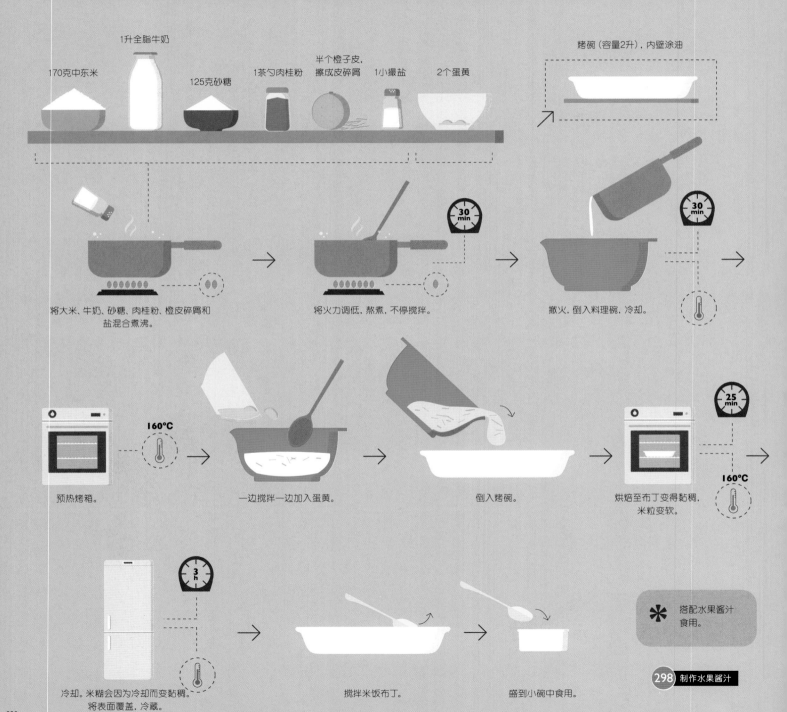

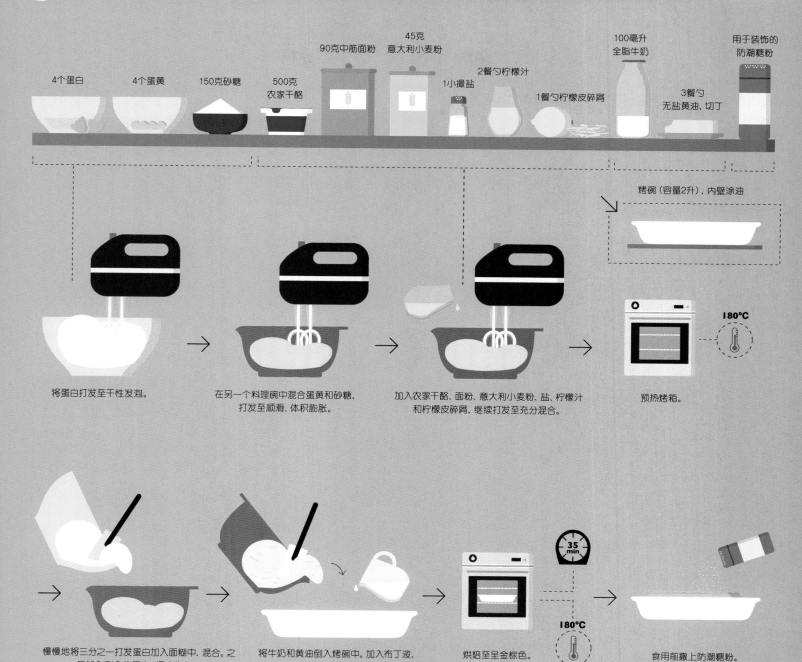

4个蛋白　　4个蛋黄　　150克砂糖　　500克农家干酪　　90克中筋面粉　　45克意大利小麦粉　　1小撮盐　　2餐勺柠檬汁　　1餐勺柠檬皮碎屑　　100毫升全脂牛奶　　3餐勺无盐黄油，切丁　　用于装饰的防潮糖粉

烤碗（容量2升），内壁涂油

180℃

将蛋白打发至干性发泡。

在另一个料理碗中混合蛋黄和砂糖，打发至顺滑、体积膨胀。

加入农家干酪、面粉、意大利小麦粉、盐、柠檬汁和柠檬皮碎屑，继续打发至充分混合。

预热烤箱。

慢慢地将三分之一打发蛋白加入面糊中，混合。之后加入剩余的蛋白，混合均匀。

将牛奶和黄油倒入烤碗中。加入布丁液，搅拌均匀，整理平整。

35 min

180℃

烘焙至呈金棕色。

食用前撒上防潮糖粉。

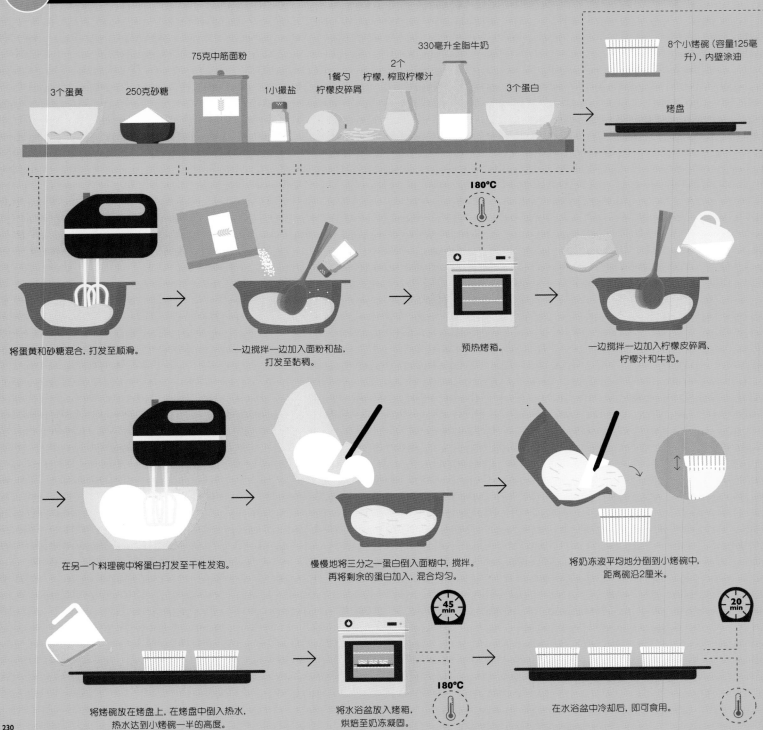

3个蛋黄

250克砂糖

75克中筋面粉

1小撮盐

1餐勺 柠檬皮碎屑

2个 柠檬,榨取柠檬汁

330毫升全脂牛奶

3个蛋白

8个小烤碗(容量125毫升),内壁涂油

烤盘

将蛋黄和砂糖混合,打发至顺滑。

一边搅拌一边加入面粉和盐,打发至黏稠。

180℃

预热烤箱。

一边搅拌一边加入柠檬皮碎屑、柠檬汁和牛奶。

在另一个料理碗中将蛋白打发至干性发泡。

慢慢地将三分之一蛋白倒入面糊中,搅拌。再将剩余的蛋白加入,混合均匀。

将奶冻液平均地分倒到小烤碗中,距离碗沿2厘米。

将烤碗放在烤盘上,在烤盘中倒入热水,热水达到小烤碗一半的高度。

45 min

将水浴盆放入烤箱,烘焙至奶冻凝固。

180℃

在水浴盆中冷却后,即可食用。

20 min

90克
红枣,去核,切碎

1茶勺泡打粉

180毫升沸水

155克中筋面粉

185克棕糖

2个鸡蛋

60克无盐黄油

1茶勺盐

1茶勺
发酵粉

太妃糖酱汁

296　制作太妃糖酱汁

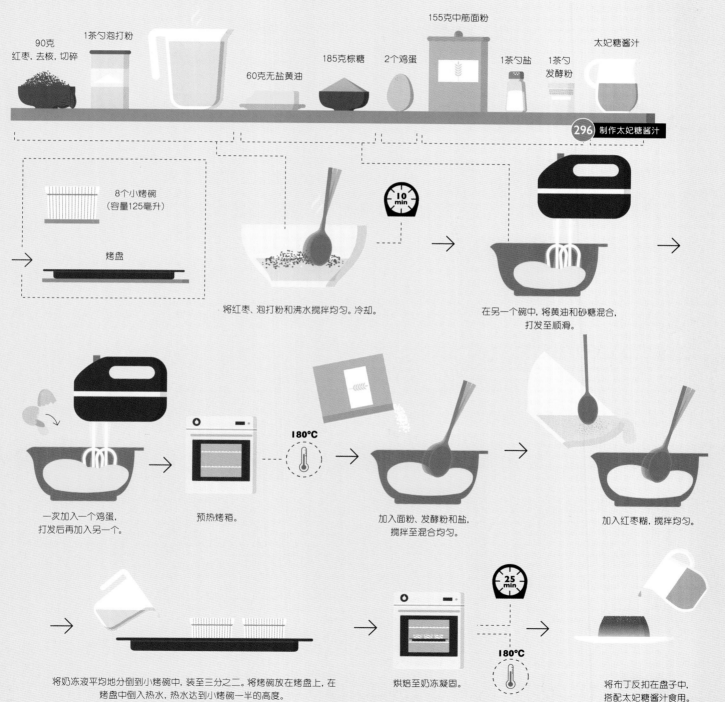

8个小烤碗
(容量125毫升)

烤盘

将红枣、泡打粉和沸水搅拌均匀。冷却。

在另一个碗中,将黄油和砂糖混合,
打发至顺滑。

一次加入一个鸡蛋,
打发后再加入另一个。

预热烤箱。

加入面粉、发酵粉和盐,
搅拌至混合均匀。

加入红枣糊,搅拌均匀。

将奶冻液平均地分倒到小烤碗中,装至三分之二。将烤碗放在烤盘上,在
烤盘中倒入热水,热水达到小烤碗一半的高度。

烘焙至奶冻凝固。

将布丁反扣在盘子中,
搭配太妃糖酱汁食用。

酱汁、镜面
果胶和装饰

sauces, glazes, and
toppings

6个蜜桃
（约650克）　　60克砂糖　　1茶勺柠檬汁

✳ 将果泥倒在干净的拧盖密封罐中。倒
扣放置，冷却。冷藏可以保存2周。

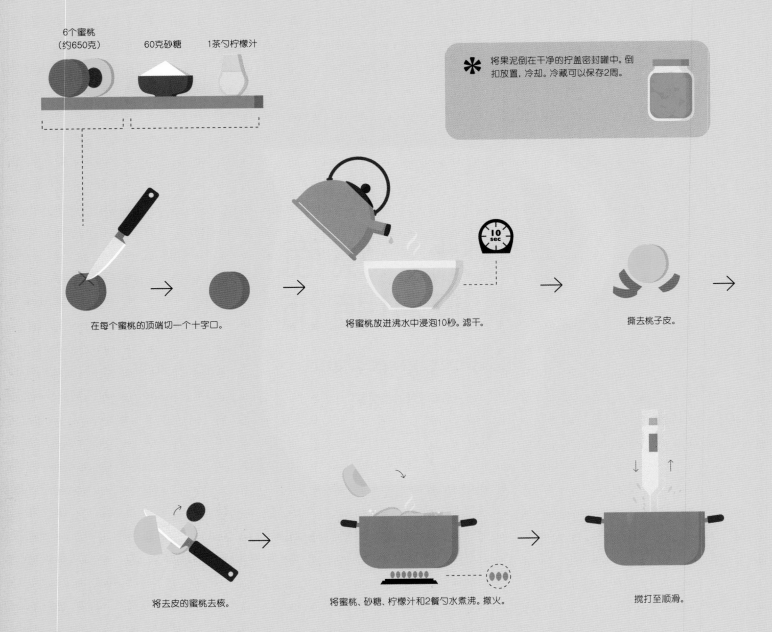

在每个蜜桃的顶端切一个十字口。

将蜜桃放进沸水中浸泡10秒。滤干。

撕去桃子皮。

将去皮的蜜桃去核。

将蜜桃、砂糖、柠檬汁和2餐勺水煮沸。撤火。

搅打至顺滑。

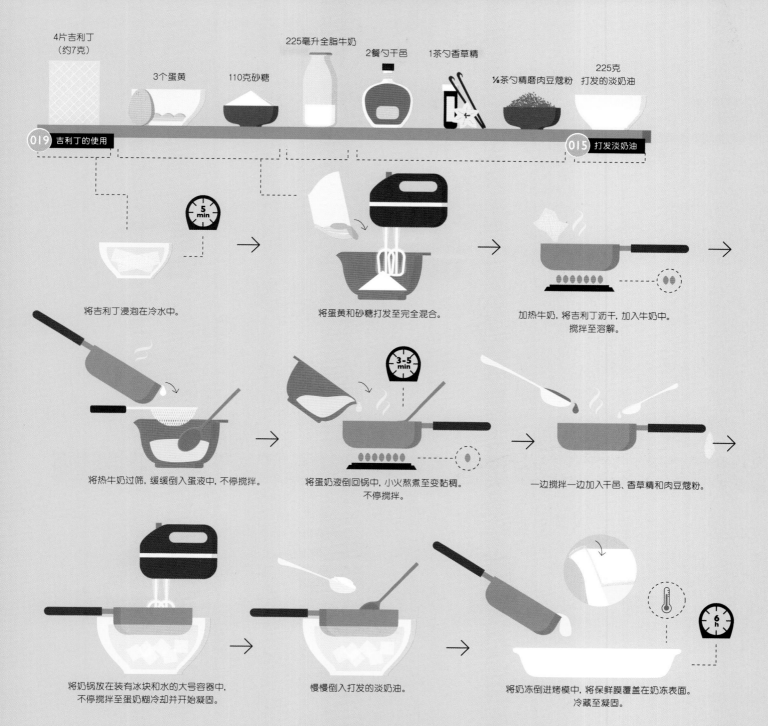

4片吉利丁
（约7克）

3个蛋黄

110克砂糖

225毫升全脂牛奶

2餐勺干邑

1茶勺香草精

⅛茶勺精磨肉豆蔻粉

225克
打发的淡奶油

019 吉利丁的使用

015 打发淡奶油

5 min

将吉利丁浸泡在冷水中。

将蛋黄和砂糖打发至完全混合。

加热牛奶，将吉利丁沥干，加入牛奶中。
搅拌至溶解。

将热牛奶过筛，缓缓倒入蛋液中，不停搅拌。

3-5 min

将蛋奶液倒回锅中，小火熬煮至变黏稠。
不停搅拌。

一边搅拌一边加入干邑、香草精和肉豆蔻粉。

将奶锅放在装有冰块和水的大号容器中，
不停搅拌至蛋奶糊冷却并开始凝固。

慢慢倒入打发的淡奶油。

6 h

将奶冻倒进烤模中，将保鲜膜覆盖在奶冻表面。
冷藏至凝固。

250克无盐黄油　　150克砂糖　　2个蛋黄

✳ 保存方式: 将黄油酱倒入碗中, 轻轻地将保鲜膜沿酱表面覆盖, 防止黄油酱表面结膜。

将鸡蛋和黄油从冰箱中取出, 室温下放置2个小时。

将黄油和砂糖混合打发至顺滑。

一次加入一个蛋黄, 搅打均匀后再加入下一个。

7 min

---

291 制作巧克力黄油酱 make chocolate buttercream

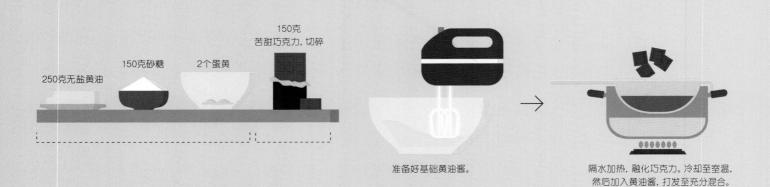

250克无盐黄油　　150克砂糖　　2个蛋黄　　150克 苦甜巧克力, 切碎

准备好基础黄油酱。

隔水加热, 融化巧克力。冷却至室温, 然后加入黄油酱, 打发至充分混合。

3个蛋黄　　70克砂糖　　225克全脂牛奶　　2餐勺玉米淀粉　　1茶勺香草精

✽ 不要将奶油煮沸，否则鸡蛋会结块。制作过程中一直用小火。冷藏可以保存4天。

将蛋黄和糖混合打发至顺滑。

在另一个碗中将2餐勺牛奶和玉米淀粉混合搅拌。

一边搅拌一边将玉米淀粉糊倒入蛋液中。

加热剩余的牛奶。

慢慢地将热牛奶倒入蛋黄液中，不停搅拌。

6-8 min

将玉米淀粉糊倒回锅中，加入香草精，熬煮至奶糊变黏稠，不停搅拌。

倒入碗中。

6-8 h

将保鲜膜直接覆盖在奶油上，冷藏至冷却。

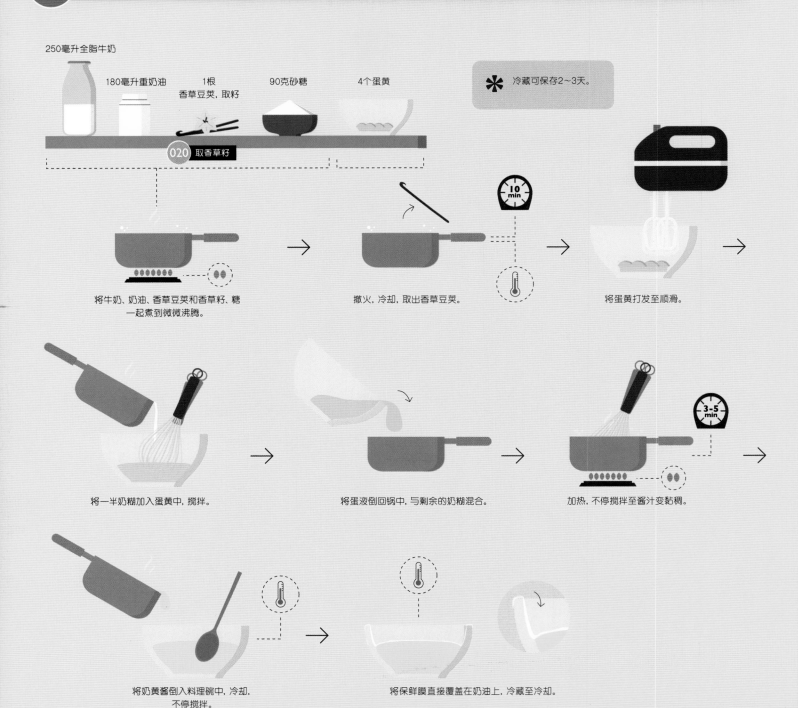

250毫升全脂牛奶

180毫升重奶油　1根　　　90克砂糖　　4个蛋黄
　　　　　　　香草豆荚, 取籽

020 取香草籽

冷藏可保存2~3天。

将牛奶、奶油、香草豆荚和香草籽、糖一起煮到微微沸腾。

撤火, 冷却, 取出香草豆荚。

将蛋黄打发至顺滑。

将一半奶糊加入蛋黄中, 搅拌。

将蛋液倒回锅中, 与剩余的奶糊混合。

加热, 不停搅拌至酱汁变黏稠。

将奶黄酱倒入料理碗中, 冷却, 不停搅拌。

将保鲜膜直接覆盖在奶油上, 冷藏至冷却。

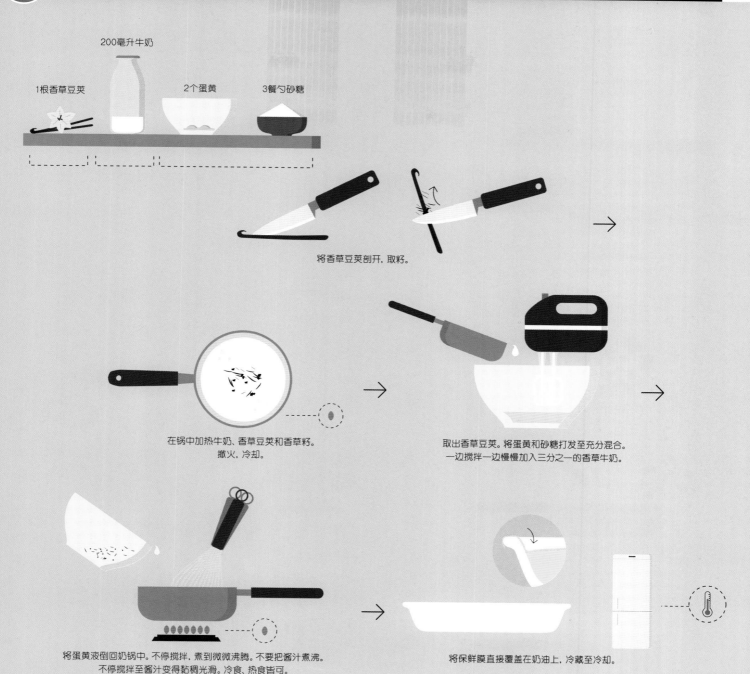

200毫升牛奶

1根香草豆荚　　　2个蛋黄　　　3餐勺砂糖

将香草豆荚剖开，取籽。

在锅中加热牛奶、香草豆荚和香草籽。
撤火，冷却。

取出香草豆荚。将蛋黄和砂糖打发至充分混合。
一边搅拌一边慢慢加入三分之一的香草牛奶。

将蛋黄液倒回奶锅中。不停搅拌，煮到微微沸腾。不要把酱汁煮沸。
不停搅拌至酱汁变得黏稠光滑。冷食、热食皆可。

将保鲜膜直接覆盖在奶油上，冷藏至冷却。

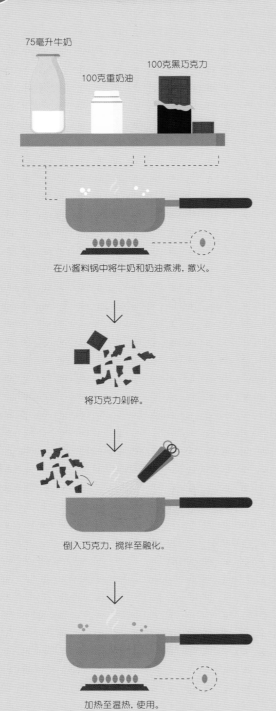

75毫升牛奶

100克重奶油

100克黑巧克力

在小酱料锅中将牛奶和奶油煮沸,撤火。

将巧克力剁碎。

倒入巧克力,搅拌至融化。

加热至温热,使用。

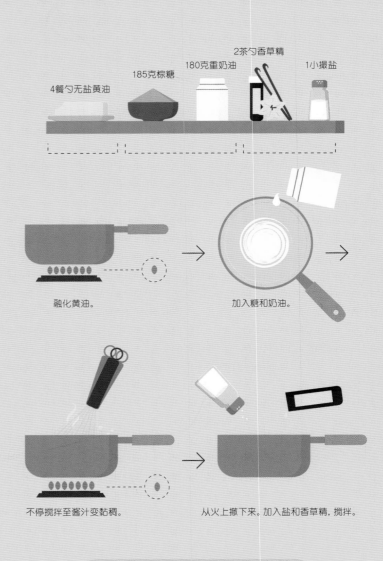

4餐勺无盐黄油

185克棕糖

180克重奶油

2茶勺香草精

1小撮盐

融化黄油。

加入糖和奶油。

不停搅拌至酱汁变黏稠。

从火上撤下来。加入盐和香草精,搅拌。

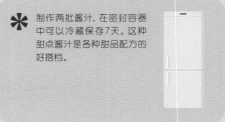

✳ 制作两批酱汁,在密封容器中可以冷藏保存7天。这种甜点酱汁是各种甜品配方的好搭档。

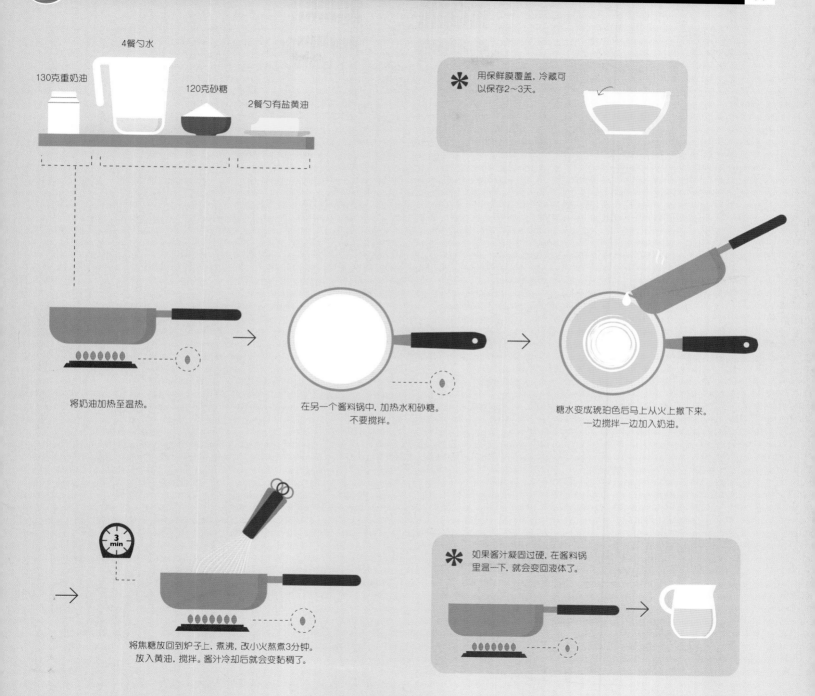

4餐勺水

130克重奶油

120克砂糖

2餐勺有盐黄油

用保鲜膜覆盖,冷藏可以保存2~3天。

将奶油加热至温热。

在另一个酱料锅中,加热水和砂糖。不要搅拌。

糖水变成琥珀色后马上从火上撤下来。一边搅拌一边加入奶油。

3 min

将焦糖放回到炉子上,煮沸,改小火熬煮3分钟。放入黄油,搅拌。酱汁冷却后就会变黏稠了。

如果酱汁凝固过硬,在酱料锅里温一下,就会变回液体了。

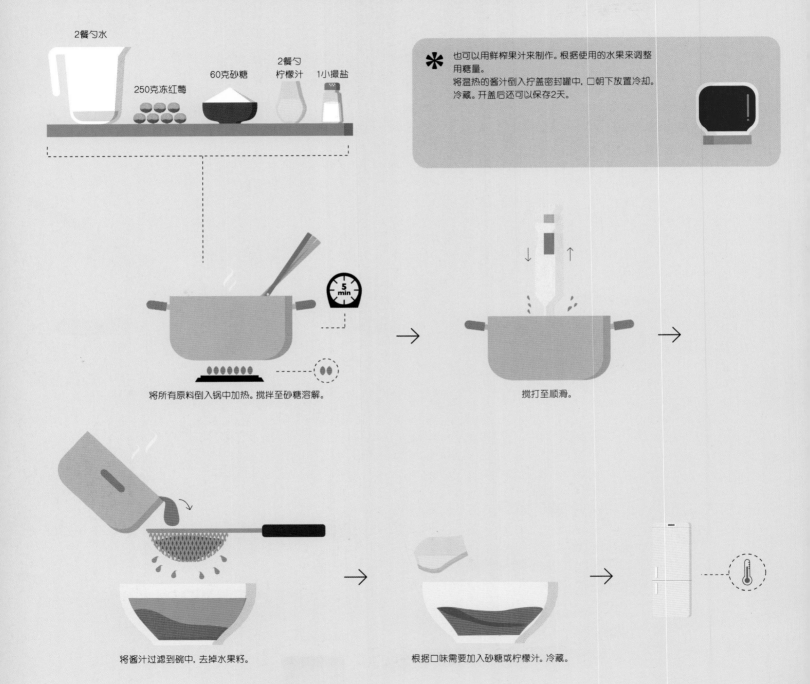

2餐勺水

250克冻红莓

60克砂糖

2餐勺
柠檬汁

1小撮盐

✱ 也可以用鲜榨果汁来制作。根据使用的水果来调整用糖量。
将温热的酱汁倒入拧盖密封罐中，口朝下放置冷却。冷藏。开盖后还可以保存2天。

5 min

将所有原料倒入锅中加热。搅拌至砂糖溶解。

搅打至顺滑。

将酱汁过滤到碗中，去掉水果籽。

根据口味需要加入砂糖或柠檬汁。冷藏。

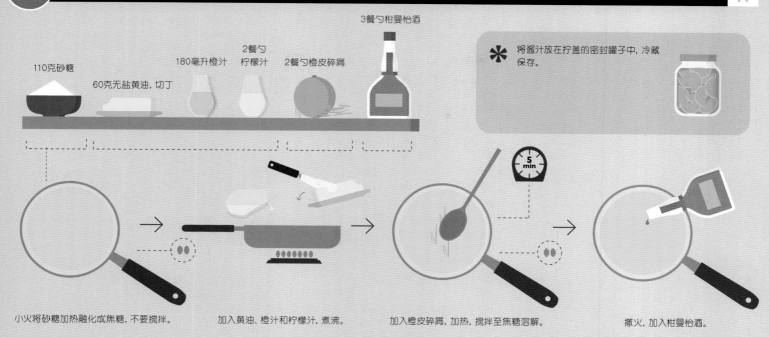

3餐勺柑曼怡酒

110克砂糖

60克无盐黄油,切丁

2餐勺
180毫升橙汁 柠檬汁 2餐勺橙皮碎屑

✱ 将酱汁放在拧盖的密封罐子中,冷藏保存。

小火将砂糖加热融化成焦糖,不要搅拌。

加入黄油、橙汁和柠檬汁,煮沸。

5 min

加入橙皮碎屑,加热,搅拌至焦糖溶解。

撤火,加入柑曼怡酒。

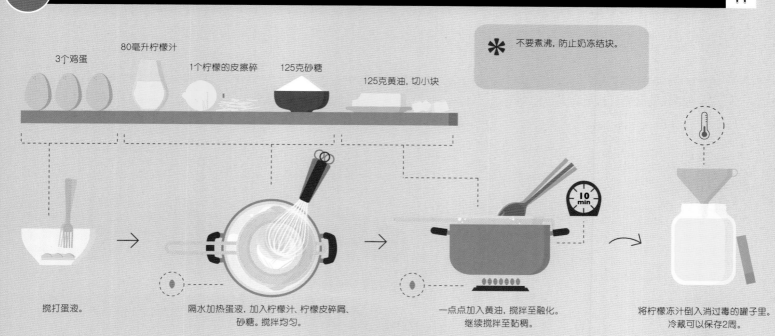

3个鸡蛋

80毫升柠檬汁

1个柠檬的皮擦碎 125克砂糖

125克黄油,切小块

✱ 不要煮沸,防止奶冻结块。

搅打蛋液。

隔水加热蛋液,加入柠檬汁、柠檬皮碎屑、砂糖。搅拌均匀。

10 min

一点点加入黄油,搅拌至融化。继续搅拌至黏稠。

将柠檬冻汁倒入消过毒的罐子里。冷藏可以保存2周。

250毫升琼瑶浆或
雷司令白葡萄酒

4个蛋黄　　90克砂糖　　柠檬汁用于调味

✱ 不要把蛋液煮沸，否则鸡蛋会结块。一直用小火。

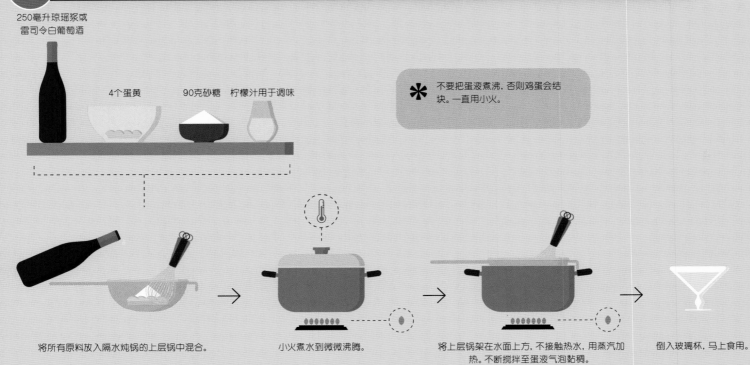

将所有原料放入隔水炖锅的上层锅中混合。　　小火煮水到微微沸腾。　　将上层锅架在水面上方，不接触热水，用蒸汽加热。不断搅拌至蛋液气泡黏稠。　　倒入玻璃杯，马上食用。

80毫升
玛萨拉白葡萄酒

4个蛋黄　　90克砂糖　　柠檬汁用于调味

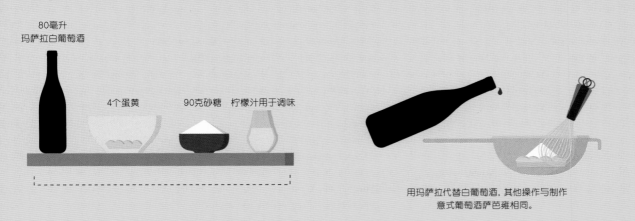

用玛萨拉代替白葡萄酒，其他操作与制作
意式葡萄酒萨芭雍相同。

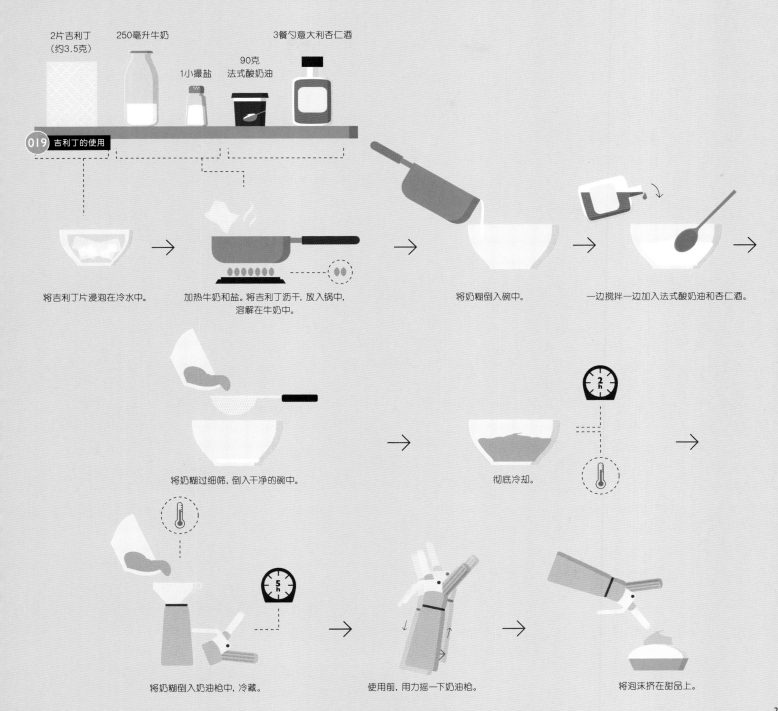

2片吉利丁
（约3.5克）

250毫升牛奶

1小撮盐

90克
法式酸奶油

3餐勺意大利杏仁酒

019 吉利丁的使用

将吉利丁片浸泡在冷水中。

加热牛奶和盐。将吉利丁沥干，放入锅中，溶解在牛奶中。

将奶糊倒入碗中。

一边搅拌一边加入法式酸奶油和杏仁酒。

将奶糊过细筛，倒入干净的碗中。

彻底冷却。

将奶糊倒入奶油枪中，冷藏。

使用前，用力摇一下奶油枪。

将泡沫挤在甜品上。

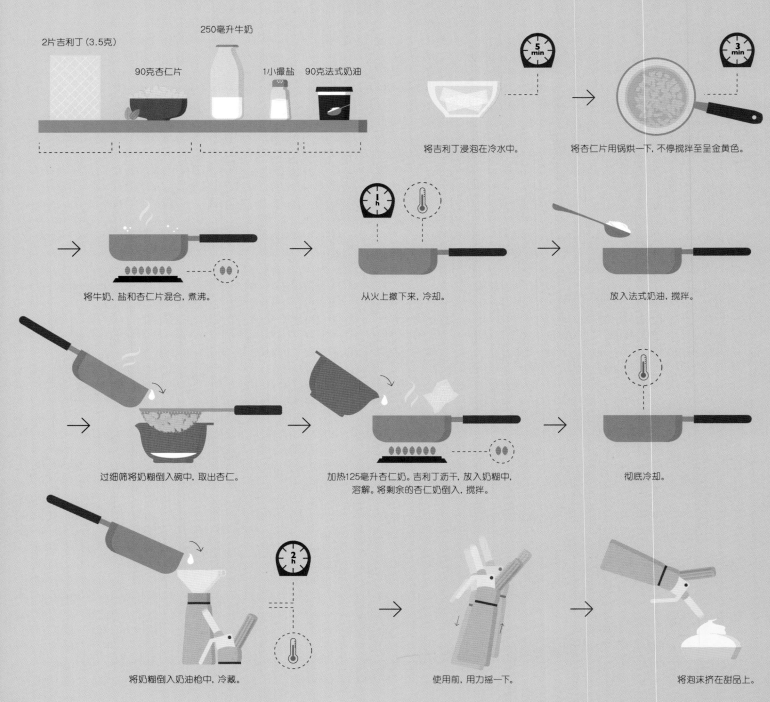

2片吉利丁（3.5克）

250毫升牛奶

90克杏仁片

1小撮盐　90克法式奶油

5 min

3 min

将吉利丁浸泡在冷水中。

将杏仁片用锅烘一下，不停搅拌至呈金黄色。

将牛奶、盐和杏仁片混合，煮沸。

从火上撤下来，冷却。

放入法式奶油，搅拌。

过细筛将奶糊倒入碗中，取出杏仁。

加热125毫升杏仁奶。吉利丁沥干，放入奶糊中，溶解。将剩余的杏仁奶倒入，搅拌。

彻底冷却。

将奶糊倒入奶油枪中，冷藏。

2 h

使用前，用力摇一下。

将泡沫挤在甜品上。

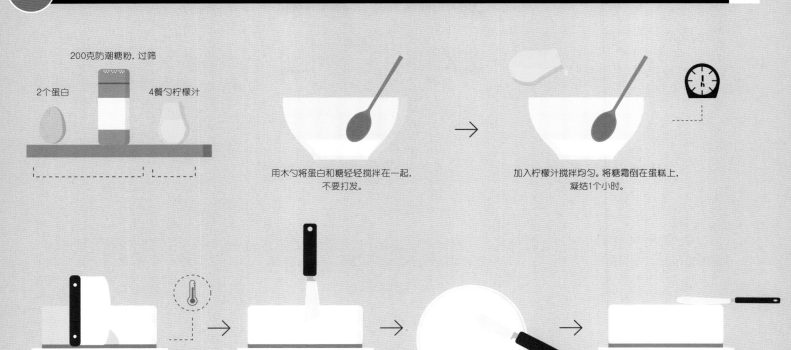

200克防潮糖粉，过筛

2个蛋白　　4餐勺柠檬汁

用木勺将蛋白和糖轻轻搅拌在一起，
不要打发。

加入柠檬汁搅拌均匀。将糖霜倒在蛋糕上，
凝结1个小时。

用糖霜制作薄薄的一层外壳，
干燥后放进冰箱。

涂抹上更多的糖霜。

涂抹到四周。

从周围向中间整理均匀，
将糖霜涂满整个蛋糕。

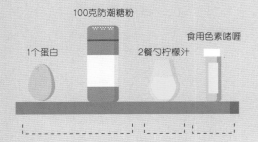

100克防潮糖粉

1个蛋白　　2餐勺柠檬汁　　食用色素啫喱

按皇家蛋白糖霜的配方准备好糖霜，加入2~4滴食用色素，
搅拌均匀。按标准配方所示方法涂抹。

307 制作咖啡糖霜 make coffee icing

2个蛋白　　200克防潮糖粉　　4餐勺浓咖啡

用木勺轻轻地把蛋白和糖搅拌在一起。
不要打发。

加入咖啡,搅拌均匀。将糖霜淋在蛋糕上,
放置1个小时。

308 制作奶油奶酪糖霜 make cream cheese frosting

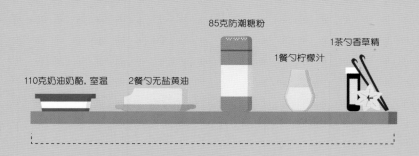

85克防潮糖粉

1餐勺柠檬汁　　1茶勺香草精

110克奶油奶酪,室温　　2餐勺无盐黄油

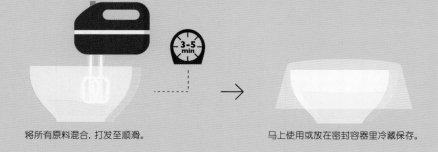

将所有原料混合,打发至顺滑。

马上使用或放在密封容器里冷藏保存。

＊ 冷藏可以保存
2~3天。

309 制作巧克力布丁 make chocolate pudding

500毫升牛奶

50克
苦甜巧克力, 切碎

1餐勺可可粉

3餐勺砂糖

2餐勺玉米淀粉

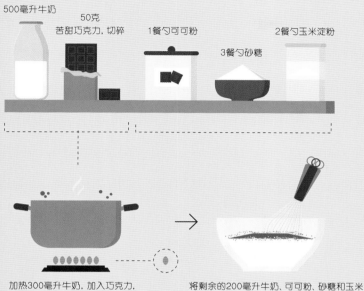

加热300毫升牛奶, 加入巧克力,
搅拌至融化。

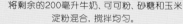

将剩余的200毫升牛奶、可可粉、砂糖和玉米
淀粉混合, 搅拌均匀。

一边搅拌一边加入巧克力糊。煮沸, 不停搅拌。
用最小火将奶糊熬煮至黏稠。

倒入布丁杯中, 用保鲜膜覆盖布丁表面,
彻底冷却。

310 制作香草布丁 make vanilla pudding

500毫升牛奶

1根香草豆荚

3个蛋黄

60克砂糖

30克玉米淀粉

香草荚剖开, 取籽。

加热牛奶和香草籽。

将蛋黄和砂糖混合, 搅打至顺滑。

一边搅打一边加入玉米淀粉和
5餐勺热奶糊。

一边搅拌一边将蛋黄液加入热牛奶中熬煮,
不停搅拌。煮沸并变得黏稠。

倒入布丁杯中, 用保鲜膜覆盖布丁表面,
彻底冷却。

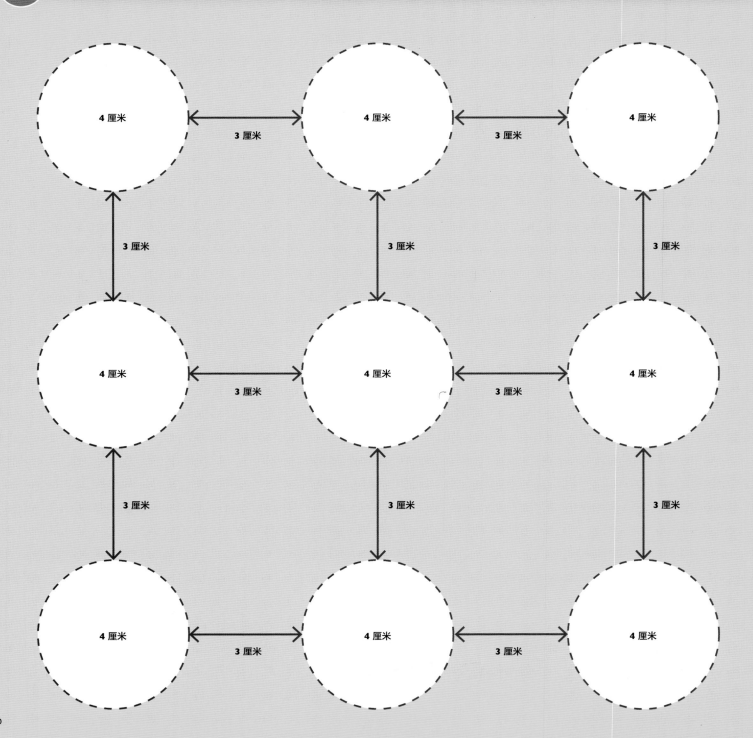

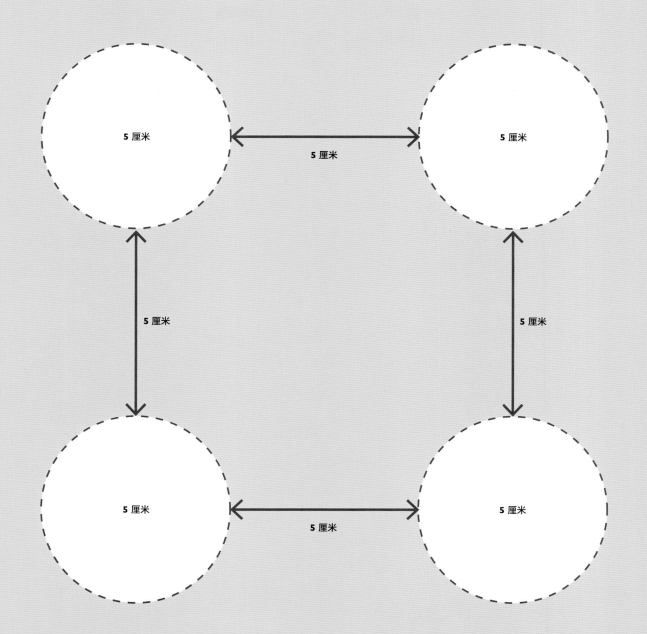

5 厘米

5 厘米

5 厘米

5 厘米

5 厘米

5 厘米

5 厘米

5 厘米

索引

图书在版编目（CIP）数据

我的时尚烘焙 /（澳）加布里埃拉·斯科利克著；
吕文静译. -- 北京：中信出版社，2016.12
书名原文：Bake! The Quick-Look Cookbook
ISBN 978-7-5086-6907-6

Ⅰ．①我… Ⅱ．①加… ②吕… Ⅲ．①烘焙—糕点加
工 Ⅳ．①TS213.2

中国版本图书馆CIP数据核字(2016)第259840号

我的时尚烘焙

著　者：[澳]加布里埃拉·斯科利克
译　者：吕文静
策划推广：北京全景地理书业有限公司
出版发行：中信出版集团股份有限公司
　　　　　（北京市朝阳区惠新东街甲4号富盛大厦2座 邮编 100029）
　　　　　（CITIC Publishing Group）
承 印 者：北京利丰雅高长城印刷有限公司
制　版：北京美光设计制版有限公司

开　本：700mm×950mm 1/12　　印　张：21.5　　字　数：126千字
版　次：2016年12月第1版　　印　次：2016年12月第1次印刷
广告经营许可证：京朝工商广字第8087号
京权图字：01-2016-7733
书　号：ISBN 978-7-5086-6907-6
定　价：88.00 元